物理学演習

鈴木 勝 編著

培風館

本書の無断複写は，著作権法上での例外を除き，禁じられています。
本書を複写される場合は，その都度当社の許諾を得てください。

はじめに

　本書は，理工系大学の初年次の物理学の入門として力学，波動，熱学，電磁気学の4分野の学習を進めるうえで，授業の補助や自習を助ける目的で作られた物理学の演習書です．物理学は，自然の中で起こる現象を詳細に観察し，もっとも簡潔かつ重要な概念をまとめあげたものです．ニュートンが天体の運動を記述しようとして力学と同時に微積分学の基礎を築いたように，数学は物理学にとって不可欠なもので，物理学の概念の多くは数式を使って記述されます．そのために物理学を深く理解するためには，ある程度は数式を取り扱う知識は必要となります．しかし，高校までの物理の授業では，数式を問題を解くための物理公式と呼んで，丸覚えしていたかもしれません．大学では，数式を取り扱うことに慣れると同時に，物理公式を丸覚えせず現象をきちんと説明することも学んでください．

　本書は，1から2年次での物理学の入門として，物理学の全体を十分に理解できるように，4分野ごとの基礎的で重要な項目を精選しています．力学では，質点の運動の法則を，波動では，波動方程式と波の重ね合わせの性質を，熱学では，熱と仕事の関係，エントロピーを，電磁気学では，電荷の作る電場，電流の作る磁場と電磁誘導の法則を理解します．

　本書では項目ごとに内容の理解のための解説を用意しています．学習すべき一通りの内容が書かれていますので参考にしてください．基本問題［問題A］は物理の理解を確認するための選択問題です．机に向かわなくとも問題に取り組むことができます．発展問題［問題B］はやや難易度が高く，物理公式と呼んでいたものを確認することを多く取り扱っています．項目ごとの解説と併せて物理学の入門で理解を期待する内容です．物理学は数量的な理解も必要です．数値問題［問題C］に直観的であり経験している現象を多く取り上げました．付録ではSI単位系，数学公式，物理定数表を載せてあります．利用する皆さんには，内容を考えながらしっかりと理解することを期待します．また，その過程で培われた思考の経験が今後の学習に大いに役立つことを保証します．

著者一同より

もくじ

- 0. 準 備 ... 1
  - 0.1 物理量と単位 ... 1
  - 0.2 ベクトル ... 2
  - 0.3 微分と積分 ... 4
- 1. 力 学 ... 7
  - 1.1 質点の運動の表し方 ... 7
  - 1.2 運動の法則 ... 10
  - 1.3 自由落下と空気の抵抗を受けた運動 ... 13
  - 1.4 単振動 ... 16
  - 1.5 仕 事 ... 19
  - 1.6 位置エネルギー ... 22
  - 1.7 運動エネルギー ... 25
  - 1.8 力学的エネルギーとその保存 ... 28
  - 1.9 角運動量 ... 31
- 2. 波 動 ... 35
  - 2.1 波の表し方 ... 35
  - 2.2 波動方程式とその性質 ... 38
  - 2.3 波の運ぶエネルギー ... 41
  - 2.4 基準振動と定常波 ... 43
  - 2.5 波の反射と透過 ... 45
  - 2.6 平面波と球面波 ... 48
- 3. 熱 学 ... 51
  - 3.1 温度と状態方程式 ... 51
  - 3.2 熱力学の第1法則 ... 54
  - 3.3 熱 容 量 ... 56
  - 3.4 等温過程と断熱過程 ... 59
  - 3.5 熱機関とカルノーサイクル ... 62
  - 3.6 熱力学の第2法則 ... 65
  - 3.7 エントロピー ... 67

4. 電磁気学   69
    4.1 クーロンの法則と電場 69
    4.2 ガウスの法則 72
    4.3 電　位 75
    4.4 静電容量 78
    4.5 ビオ−サバールの法則と磁場 81
    4.6 アンペールの法則 84
    4.7 ローレンツ力 87
    4.8 電磁誘導の法則 90

付 録 A　SI単位   93

付 録 B　数学公式   95

付 録 C　物理定数表   97

付 録 D　問題解答   99

0. 準　　備

0.1 物理量と単位

　計測される量（物理量）は，計測量の単位とその大きさにより組み立てられる．**国際 (SI) 単位系**は，7 つの基本単位を定めている．また，表された数値の大きさを実用的な量として理解しやすいように 10 の整数乗の大きさの倍量・分量単位を作る 20 個の SI 接頭語を与えている．基本単位の大きさは国際的な取り決めによって定義されており，そのうちの重要な 4 つを以下に示す．

- **長さ：** 1 メートル (m) とは光が真空中を 1/299 792 458 s の時間で進む距離．
- **時間：** 1 秒 (s) とは原子量 133 のセシウム原子 (^{133}Cs) 基底状態での超微細準位間の遷移で放出する電磁波の振動周期の 9 192 631 770 倍の時間．
- **質量：** 1 キログラム (kg) とは国際キログラム原器と等しい質量．
- **電流：** 1 アンペア (A) とは真空中で 1 m 間隔の平行導線に働く力が導線 1 m あたり 2×10^{-7} ニュートン (N) である電流．

　これらの基本単位によって組み立てられた単位のなかで，いくつかは固有の名称とその独自の記号を持っている．物理量（変数）を表す記号は，印刷物では斜体（イタリック体）で表され，他の記号と区別される．また単位は立体（ローマン体）で表される．物理量の単位が長さ (L) の a 乗，時間 (T) の b 乗，質量 (M) の c 乗，電流 (I) の d 乗となるとき [$L^a T^b M^c I^d$] と書き**物理量の次元**と呼ぶ．物理量の関係式では，両辺の物理量の次元は等しくなければならない．

　物理量には，質量，エネルギー，温度，電荷のように大きさと単位で表される**スカラー量**と，速度，力，電場のように大きさと方向および単位によって表される**ベクトル量**がある．

問　題

[1] 次の物理量を SI 基本単位で表しなさい．　　(a)　1 年　　(b)　1 気圧

[2] 氷（0 °C）の密度は 0.917 g/cm³ である．SI 基本単位で表しなさい．

[3] 長さ ℓ の糸におもりをつるした振り子の周期は $T = 2\pi\sqrt{\ell/g}$ と与えられる．物理量 g の次元を求めなさい．

0.2 ベクトル

ベクトルは大きさと方向を持つ量である．記号がベクトルであることを明確に示すために，太字（ボールド体）の $\boldsymbol{a}$ または矢印をつけて $\vec{a}$ と書く．ベクトル $\vec{a}$ を x, y, z 軸に投影した値をそれぞれ a_x, a_y, a_z とするとき $\vec{a} = (a_x, a_y, a_z)$ と表される．また，ベクトル $\vec{a}$ の大きさを $|\vec{a}|(=a)$ （ベクトルは $\vec{a}$ と表すのに対して，その大きさは普通の文字を使って表す）と書き，これは成分を用いると $|\vec{a}| = \sqrt{a_x^2 + a_y^2 + a_z^2}$ である．

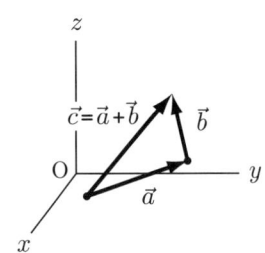

図 0.1　ベクトルの和

ベクトル $\vec{a}$ と $\vec{b}$ の和 $\vec{c}$ は，$\vec{a}$ の終点に $\vec{b}$ の始点を重ね $\vec{a}$ の始点と $\vec{b}$ の終点を結ぶベクトルを作ることであり，$\vec{c}$ の各成分は $\vec{a}$ と $\vec{b}$ の各成分の和である．また，ベクトルのスカラー倍とはベクトルの各成分をスカラー倍すると約束する．これらの約束からベクトルには次の 3 つの法則が成り立つ．

加法の交換法則：$\quad \vec{a} + \vec{b} = \vec{b} + \vec{a}$

加法の結合法則：$\quad (\vec{a} + \vec{b}) + \vec{c} = \vec{a} + (\vec{b} + \vec{c})$

スカラー倍の分配法則：$\quad \lambda(\vec{a} + \vec{b}) = \lambda \vec{a} + \lambda \vec{b}$

ベクトル $\vec{a}$ は，大きさ 1 であるベクトル（**単位ベクトル**）$\vec{i} = (1,0,0)$, $\vec{j} = (0,1,0)$, $\vec{k} = (0,0,1)$ を使って $\vec{a} = a_x \vec{i} + a_y \vec{j} + a_z \vec{k}$ と表すことができる．

(1) スカラー積（内積）

スカラー積は，2 つのベクトルから 1 つのスカラーを作る演算であり，記号 $\cdot$ を使う．ベクトル $\vec{a} = (a_x, a_y, a_z)$ と $\vec{b} = (b_x, b_y, b_z)$ のスカラー積 c は

$$c = \vec{a} \cdot \vec{b} = a_x b_x + a_y b_y + a_z b_z = |\vec{a}||\vec{b}|\cos\theta \quad (1)$$

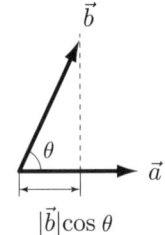

図 0.2　スカラー積（内積）

である．ここで，θ は 2 つのベクトルのなす角である．スカラー積は，通常の数の積の演算と同様に，交換法則と分配法則が成り立つ．2 つのベクトルの方向が直交するときスカラー積は 0 となる．

(2) ベクトル積（外積）

ベクトル積は，2 つのベクトルからもう 1 つのベクトルを作る演算であり，記号 $\times$ を使う．ベクトル $\vec{a} = (a_x, a_y, a_z)$ と $\vec{b} = (b_x, b_y, b_z)$ のベクトル積 $\vec{c}$ は

$$\vec{c} = \vec{a} \times \vec{b}$$
$$= (a_y b_z - a_z b_y,\ a_z b_x - a_x b_z,\ a_x b_y - a_y b_x) \quad (2)$$

である．このベクトル $\vec{c}$ は

大きさ： $|\vec{c}| = |\vec{a}||\vec{b}|\sin\phi.$
（ただし，ϕ は2つのベクトルのなす角である．π rad 以下の値とする）

方向 ：$\vec{a}$ と $\vec{b}$ の両方に垂直であり，$\vec{a}$ から $\vec{b}$ に右ねじの進む向き．

ベクトル積は交換法則が成り立たず，$\vec{a}\times\vec{b} = -\vec{b}\times\vec{a}$ であることに注意せよ．また，2つのベクトルの方向が互いに平行または反平行のときベクトル積は0となる．

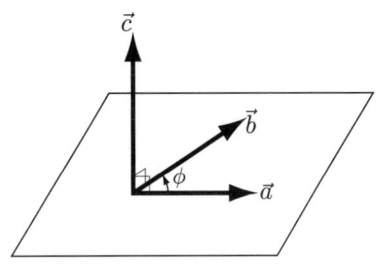

図 0.3 ベクトル積（外積）

問　題

[1] $\vec{a}_1 = (\,1,\,1,\,-1\,)$，$\vec{a}_2 = (-1,\,1,\,1\,)$，$\vec{a}_3 = (\,1,\,-1,\,1\,)$ の3つのベクトルついて，スカラー積 $\vec{a}_2\cdot\vec{a}_3$，$\vec{a}_3\cdot\vec{a}_1$，$\vec{a}_1\cdot\vec{a}_2$ とベクトルのなす角の大きさを求めなさい．

[2] 単位ベクトルのベクトル積は，$\vec{i}\times\vec{j}=\vec{k}$, $\vec{j}\times\vec{k}=\vec{i}$, $\vec{k}\times\vec{i}=\vec{j}$, また，$\vec{i}\times\vec{i}=\vec{j}\times\vec{j}=\vec{k}\times\vec{k}=0$ の性質を持つ．これらから式(2)を導きなさい．

[3] $\vec{a}=(\,1,\,1,\,0\,)$，$\vec{b}=(\,0,1,1\,)$ のベクトル積 $\vec{a}\times\vec{b}$ と $\vec{b}\times\vec{a}$ を求めなさい．

0.3 微分と積分

(1) 1変数の微分と積分

1変数関数 $f(x)$ の x での接線の傾きは，関数の変化 $\Delta f = f(x+\Delta x) - f(x)$ と Δx の比の値を Δx が 0 の極限（$\Delta x \to 0$）として求める．これを**関数 $f(x)$ の x に関する微分係数**と呼び，次のように計算する．

$$\frac{df(x)}{dx} = \lim_{\Delta x \to 0} \frac{f(x+\Delta x) - f(x)}{\Delta x} \tag{3}$$

関数 $f(x)$ から微分係数を求めることを「微分する」と呼ぶ．また，関数 $f(x)$ を微分して得られた関数を $f'(x)$ と書くことがある．

x_a と x_b の区間で関数 $g(x)$ と x 軸で囲まれる面積は，区間を n 個に分割したときの各 x_i での関数の値 $g(x_i)$ と微小区分 Δx でつくる長方形の面積の和の値を n が無限大の極限（$n \to \infty$）として求める．これを**関数 $g(x)$ の x_a から x_b までの定積分**と呼び，次のように計算する．

$$\int_{x_a}^{x_b} g(x)\, dx = \lim_{n \to \infty} \sum_{i=0}^{n-1} g(x_i) \Delta x \tag{4}$$

ここで，$x_i = x_a + i\Delta x$，$\Delta x = (x_b - x_a)/n$ である．積分の区間を特に定めないときを**不定積分**と呼び，求めた関数には積分定数と呼ばれる定数項が付け加わる．定積分または不定積分を求めることを「積分する」と呼ぶ．

微分と積分は互いに密接に関係し，関数 $f(x)$ を微分して得られる関数 $f'(x)$ を積分すると，もとの関数 $f(x)$（と積分定数）に戻る．

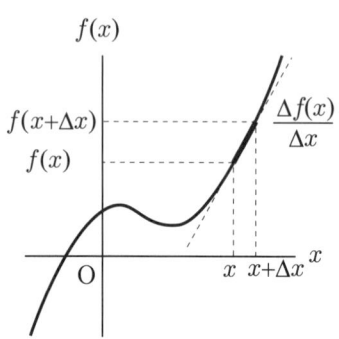

図 0.4　1変数の微分

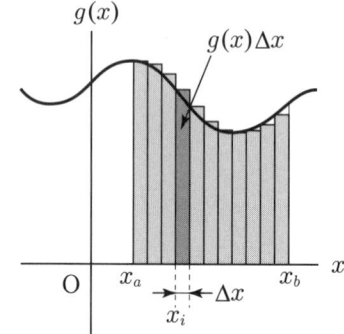

図 0.5　1変数の積分

問　題

[1] 関数 $y = A\exp(ax)$ について微分係数を求めなさい．

[2] 座標 x が時刻 t の関数として $x(t) = at + bt^2$（ここで a, b は定数）と与えられる．dx/dt を計算しなさい．

[3] 関数 $y = A\sin(ax)$ について $x = 0$ から π/a までの定積分を求めなさい．

(2) 2変数の微分と積分[*]

変数を x と y とした2変数関数 $f(x,y)$ に1変数で約束した微分を拡張する．いま，y を一定として x を変化させたときの関数 $f(x,y)$ の傾きを1変数の微分と区別して，**関数 $f(x,y)$ の x に関する偏微分係数**と呼び

$$\left(\frac{\partial f}{\partial x}\right)_y = \lim_{\Delta x \to 0} \frac{f(x+\Delta x, y) - f(x,y)}{\Delta x} \tag{5}$$

と約束する．ここで，( )$_y$ の添え字は変数 y の値を変化しない定数として扱うことを意味する（この添え字は，変数が明確に分かるときは省略されることもある）．また同様に，**関数 $f(x,y)$ の y に関する偏微分**は x を一定として

$$\left(\frac{\partial f}{\partial y}\right)_x = \lim_{\Delta y \to 0} \frac{f(x, y+\Delta y) - f(x,y)}{\Delta y} \tag{6}$$

と約束する．また，変数 x と y が無限小の変化 dx と dy をするとき，関数の値の変化 df は，

$$df = \left(\frac{\partial f}{\partial x}\right)_y dx + \left(\frac{\partial f}{\partial y}\right)_x dy \tag{7}$$

である．この式を**関数 $f(x,y)$ の全微分**と呼ぶ．

1変数の積分を2変数に拡張する．変数を x と y とした2変数関数を $g(x,y)$ として，積分を行う領域をSとする．領域Sの範囲を分割した直方体の体積の和を分割数が無限大の極限として

$$\iint_S g(x,y)\,dxdy = \lim_{\substack{n\to\infty \\ m\to\infty}} \sum_{\substack{i=0 \\ \text{領域 S 内}}}^{n-1} \sum_{j=0}^{m-1} g(x_i, y_j)\Delta x \Delta y \tag{8}$$

と約束し，**重積分**と呼び．ここで，$g(x_i,y_j)\Delta x \Delta y$ は底面積が $\Delta x \Delta y$ であり，高さ $g(x_i,y_j)$ の角柱の体積である．

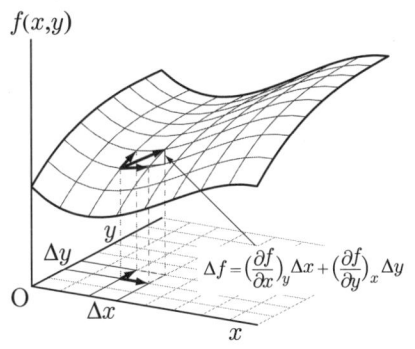

図 0.6　2変数の微分

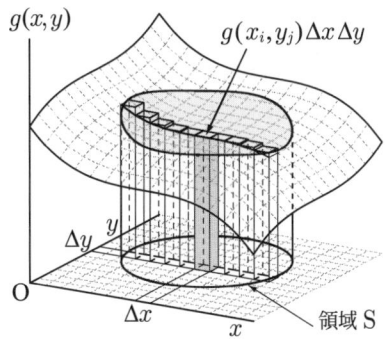

図 0.7　2変数の積分

---

[*]はじめは飛ばして進んでかまわない

(3) 線積分と面積分†

空間の各位置 (x, y, z) でベクトル $\vec{F}(x, y, z)$ が約束されているとき,空間にある曲線 C に沿って曲線を点 A から点 B までの範囲で m 分割し,分割した微小な変位ベクトル $\Delta \vec{r_i}$ ごとに,その位置でのベクトル $\vec{F_i}(x_i, y_i, z_i)$ と $\Delta \vec{r_i}$ のスカラー積を計算する. m が無限大の極限でのスカラー積の和を**線積分**と呼び

$$\int_{C\ (A \to B)} \vec{F}(x, y, z) \cdot d\vec{r} = \lim_{m \to \infty} \sum_{i=0}^{m-1} \vec{F_i} \cdot \Delta \vec{r_i} \tag{9}$$

と約束する.ベクトルを $\vec{F}(x, y, z) = (F_x, F_y, F_z)$, $d\vec{r} = (dx, dy, dz)$ と成分で表すと線積分は

$$\int_{C\ (A \to B)} \vec{F}(x, y, z) \cdot d\vec{r} = \int_{C\ (A \to B)} (F_x dx + F_y dy + F_z dz) \tag{10}$$

と表すことができる.

同じく,空間の各位置 (x, y, z) でベクトル $\vec{F}(x, y, z)$ が約束されているとき,空間内の曲面の領域 S を m 分割し,分割した微小な面積 ΔS_i ごとに,その面の法線ベクトル $\vec{n_i}$(大きさは 1)を使って,その位置でのベクトル $\vec{F_i}(x_i, y_i, z_i)$ とのスカラー積 $\vec{F_i} \cdot \vec{n_i} \Delta S_i$ を計算する. m が無限大の極限でのスカラー積の和を**面積分**と呼び

$$\int_S \vec{F}(x, y, z) \cdot \vec{n}\, dS = \lim_{m \to \infty} \sum_{i=0}^{m-1} \vec{F_i} \cdot \vec{n_i}\, \Delta S_i \tag{11}$$

と約束する.

問題

[4] 1 モルの気体の圧力が,体積 V と温度 T の関数として,

$$p(V, T) = \frac{RT}{V - b} + \frac{a}{V^2}$$

と与えられる気体がある.ここで, R, a, b は定数である. $(\partial p / \partial V)_T$ および $(\partial p / \partial T)_V$ を計算しなさい.

[5] 2 変数関数 $f(x, y) = 1$ を $x^2 + y^2 \leqq a^2$ の領域で重積分しなさい.

---
†はじめは飛ばして進んでかまわない

1. 力 学

1.1 質点の運動の表し方

物体の運動を考えるときに物体の変形や向きに注目せずに，全体としての位置の変化に注目する場合も多い．1つの物体を大きさの無い1つの点で代表させるとき，それを**質点**と呼ぶ．質点の位置を表すためにはベクトルの始点を座標の原点に選んだ**位置ベクトル** $\vec{r}$ を利用する．位置ベクトルが時刻 t の関数であることを明示したいときは $\vec{r}(t)$ と書く．3次元空間内の質点の運動では，位置ベクトルは，x 成分，y 成分と z 成分の3成分を持ち

$$\vec{r}(t) = (\, x(t),\, y(t),\, z(t)\,) \tag{1.1}$$

と表される．また，x 軸，y 軸，z 軸方向の単位ベクトルをそれぞれ $\vec{i} = (1,0,0)$，$\vec{j} = (0,1,0)$，$\vec{k} = (0,0,1)$ とするとき，式 (1.1) は

$$\vec{r}(t) = x(t)\,\vec{i} + y(t)\,\vec{j} + z(t)\,\vec{k} \tag{1.2}$$

と表すこともできる．

質点の位置ベクトルの変化を**変位**と呼ぶ．単位時間あたりの変位を**速度**（**速度ベクトル**）として，次のように約束する．

$$\vec{v}(t) = \frac{d\vec{r}(t)}{dt} = \left(\, \frac{dx(t)}{dt},\, \frac{dy(t)}{dt},\, \frac{dz(t)}{dt}\, \right) \tag{1.3}$$

また，速度ベクトルの大きさを**速さ**と呼ぶ．さらに，速度ベクトルの単位時間あたりの変化量を**加速度**（**加速度ベクトル**）として，次のように約束する．

$$\vec{a}(t) = \frac{d\vec{v}(t)}{dt} = \left(\, \frac{d^2x(t)}{dt^2},\, \frac{d^2y(t)}{dt^2},\, \frac{d^2z(t)}{dt^2}\, \right) \tag{1.4}$$

───── **例題 1.1　等速円運動の速度と加速度** ─────

位置ベクトルが $\vec{r}(t) = (\, R\cos\omega t,\, R\sin\omega t\,)$ と表されるとき，質点は一定の速さで円運動をしている．ここで R, ω は定数である．質点の運動の速度ベクトルと加速度ベクトルを求めなさい．

【解答例】
位置ベクトルの各成分が時刻の関数として与えられているので，速度ベクトル $\vec{v}(t)$ を式 (1.3)，加速度ベクトル $\vec{a}(t)$ を式 (1.4) で計算すると，それぞれ

$$\vec{v}(t) = (\, -R\omega\sin\omega t,\, R\omega\cos\omega t\,) \tag{1.5}$$

$$\vec{a}(t) = (\, -R\omega^2\cos\omega t,\, -R\omega^2\sin\omega t\,) \tag{1.6}$$

である．

　なお，図 1.1 に速度ベクトル $\vec{v}(t)$ と加速度ベクトル $\vec{a}(t)$ を示した．この運動は速度ベクトルの大きさである速さが $|\vec{v}| = R\omega$ となり時刻によらず一定である．また，加速度ベクトルは位置ベクトルと $\vec{a}(t) = -\omega^2 \vec{r}(t)$ の関係があり，加速度ベクトルは円運動の中心を向いている．

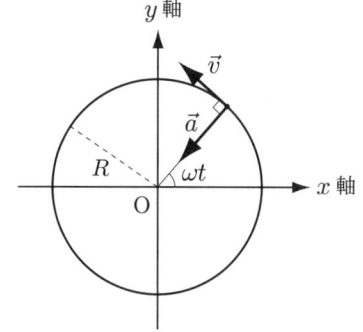

図 1.1　等速円運動

問題 A

[1] 物体の運動について正しい説明を選びなさい．

(a) 物体の速度が 0 であれば，物体は静止している．
(b) 物体の運動の方向は速度の方向である．
(c) 物体の加速度が 0 であれば，物体は静止している．
(d) 物体の加速度と速度が逆向きであれば，物体は減速している．

[2] 図は x 軸上の質点の位置を，時刻 t を横軸，座標 x を縦軸としたグラフである．時間 $t = 0$ で $\dfrac{dx}{dt} = v_0 \, (> 0)$ であり，$\dfrac{d^2 x}{dt^2} = -a_0 \, (< 0)$ であるとき，位置を時刻の関数として表した正しい式を選びなさい．

(a) $x(t) = v_0 t - \frac{1}{2} a_0 t^2$
(b) $x(t) = v_0 t + \frac{1}{2} a_0 t^2$
(c) $x(t) = x_0 + v_0 t - \frac{1}{2} a_0 t^2$
(d) $x(t) = x_0 + v_0 t + \frac{1}{2} a_0 t^2$

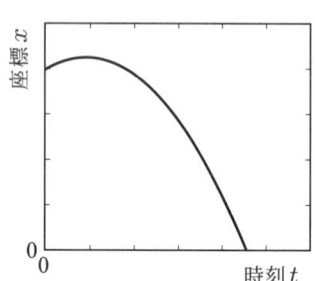

[3] 質点の時刻 t の位置が $\vec{r}(t) = (1 + 2t)\vec{i} + (\sqrt{3} + 2t)\vec{j}$ と表されるときの速度ベクトル $\vec{v}(t)$ を選びなさい．

(a) $\vec{v}(t) = 4\vec{i}$　　(b) $\vec{v}(t) = 2\sqrt{2}\vec{j}$　　(c) $\vec{v}(t) = \vec{i} + \sqrt{3}\vec{j}$　　(d) $\vec{v}(t) = 2\vec{i} + 2\vec{j}$

[4] 質点が等速円運動をする．半径は等しく円周上の質点の速さが 2 倍のとき，加速度の大きさは何倍であるかを選びなさい．

(a) 1/2 倍　　　(b) 1 倍　　　(c) 2 倍　　　(d) 4 倍

問題 B

[1] 楕円運動をする質点の位置ベクトルが，時刻 t の関数として $\vec{r}(t) = (A\cos\omega t, B\sin\omega t)$ と表される．ここで，A, B, ω は定数であり，$A > B$ である．以下の問に答えなさい．

(a) 速度 $\vec{v}(t)$ を求めなさい．
(b) 加速度 $\vec{a}(t)$ を求めなさい．
(c) 速度と加速度の大きさがそれぞれ最も大きくなる位置を求めなさい．

[2] 以下の文章の (a) から (d) に適切な数式を入れなさい．

質点が半径 R の円周上を速さを変えながら運動することを考えよう．時刻 t の位置が $\vec{r} = (R\cos\theta(t), R\sin\theta(t))$ と表されるとき，質点の速度と加速度は

$$\vec{v} = (-R\frac{d\theta}{dt}\sin\theta, \underline{\quad(a)\quad})$$

$$\vec{a} = (-R\frac{d^2\theta}{dt^2}\sin\theta - R\left(\frac{d\theta}{dt}\right)^2\cos\theta, \underline{\quad(b)\quad})$$

である．この式から，質点の速さは $v = \underline{\quad(c)\quad}$ となる．加速度を接線方向と円の中心方向に分けるとき，中心方向は $(-\cos\theta, -\sin\theta)$ であるから，その方向の加速度の大きさを質点の速さを使って表すと $a_n = \underline{\quad(d)\quad}$ である．この関係式は，等速円運動でも成り立つ．

問題 C

[1] 道路の設計では速度ごとにカーブの半径の最小値が決められている．時速 60 km (60 km/h) では半径 150 m であり，このカーブの時速 60 km での加速度の大きさを求めなさい．また，この加速度は重力加速度 9.8 m/s^2 の何％かを答えなさい．

1.2 運動の法則

日常的な条件での物体の運動は，3つ基本法則にまとめられる．これらの基本法則にまとめられる力学を**ニュートン力学**と呼ぶ．ただし，原子や電子などのミクロな物体の運動を取り扱うときと物体の速度が光速度と比較して小さくないときには修正が必要である．ニュートン力学の運動の法則は次のように表される．

第1法則：いかなる物体も力が作用しない限り，静止または等速直線運動を続ける．
  （慣性の法則）
第2法則：物体の運動量の時間変化は，作用する力の大きさに比例し，力の向きに起こる．
  （運動の法則）
第3法則：互いに作用する2つの物体に働く力は，大きさは等しく逆向きである．
  （作用・反作用の法則）

ここで**力**は物体の運動を変化させる原因である．また，**運動量（運動量ベクトル）**は，物体の運動の勢いを表す量であり，**質量** m と速度ベクトル $\vec{v}$ の積 $\vec{p} = m\vec{v}$ と約束する．

運動の第2法則は，物体に作用する力を $\vec{F}$ とするとき

$$\frac{d(m\vec{v})}{dt} = \vec{F} \tag{1.7}$$

とベクトルの式で表される．この式を**運動方程式**と呼ぶ．質量 m が変化しない物体では，その位置ベクトル $\vec{r}(t)$ の時間の2階微分である加速度ベクトルを使うことで

$$m\frac{d^2\vec{r}(t)}{dt^2} = \vec{F} \tag{1.8}$$

と表すことができる．物体に複数の力が作用している場合には，力のベクトル和

$$\vec{F} = \sum_i \vec{F}_i \tag{1.9}$$

である**合力**を使う．力の単位は，運動方程式より質量（kg）と加速度（m/s^2）の積であるから kg·m/s^2 と組み立てられ，これを N と表し，**ニュートン**と読む．

―――― 例題 1.2　2つの物体の衝突での運動量の保存 ――――

2つの物体が衝突するとき，衝突の前後で2つの物体の運動量の和が変化しないことを，運動の法則から説明しなさい．

【解答例】
物体1と物体2の質量を m_1 と m_2，速度を $\vec{v}_1(t)$ と $\vec{v}_2(t)$ とする．衝突では2つの物体間に力が作用する．物体2から物体1に作用する力を $\vec{F}_{21}$，物体1から物体2に作用する力を $\vec{F}_{12}$ とする．運動の第2法則から，それぞれの物体について

$$\frac{d\{m_1\vec{v}_1(t)\}}{dt} = \vec{F}_{21} \tag{1.10}$$

$$\frac{d\{m_2\vec{v}_2(t)\}}{dt} = \vec{F}_{12} \tag{1.11}$$

である．ここで，運動の第3法則より $\vec{F}_{12} = -\vec{F}_{21}$ であり，辺々の和をとることで，

$$\frac{d}{dt}\{m_1\vec{v}_1(t) + m_2\vec{v}_2(t)\} = 0 \tag{1.12}$$

となる．この式は時刻によらず成り立つので，$\{\cdots\}$ 内で表される2つの物体の運動量の和は変化しない．このように，衝突では**運動量の保存則**が成り立つ．

問題 A

[1] 力が作用していない物体 A と物体 B に等しい力 $\vec{F}$ が作用し，加速度 $\vec{a}_A$ と $\vec{a}_B$ を生じた．正しい説明を選びなさい．

   (a) 加速度から力の作用する以前の速度を知ることができる．
   (b) 加速度から力の作用した以後の速度を知ることができる．
   (c) 2つの加速度は同じ方向を向かないことがある．
   (d) 2つの加速度から物体 A と物体 B の質量の比を求めることができる．

[2] 質量 m の物体に力 $\vec{F}$ が作用し，物体に加速度が生じた．力が作用した時刻を t，そのときの物体の速度を $\vec{v}(t)$ とするとき，正しい関係式を選びなさい．

   (a) $\dfrac{\vec{v}(t)}{t} = \vec{F}$ (b) $\dfrac{d\vec{v}(t)}{dt} = \vec{F}$ (c) $m\dfrac{\vec{v}(t)}{t} = \vec{F}$ (d) $m\dfrac{d\vec{v}(t)}{dt} = \vec{F}$

[3] 質量 2 kg の物体に左側から右向きに大きさ 4 N の力を加えたとき，物体には右向きに大きさ 1 m/s² の加速度が生じた．このとき，質点にはもう一つの力が作用している．その力の向きと大きさを選びなさい．

   (a) 右向き，大きさ 2 N   (b) 右向き，大きさ 4 N
   (c) 左向き，大きさ 2 N   (d) 左向き，大きさ 4 N

[4] 床の上に物体を置くとき図のように力が作用する．$\vec{F}_1$ は物体の質量に比例する鉛直方向下向きの力，$\vec{F}_2$ は物体が床を押す力，$\vec{F}_3$ は床が物体を押す力である．これらの力の間で，運動の第3法則 (作用・反作用の法則) を満たす力の組を選びなさい．

   (a) $\vec{F}_1$ と $\vec{F}_2$
   (b) $\vec{F}_2$ と $\vec{F}_3$
   (c) $\vec{F}_3$ と $\vec{F}_1$
   (d) 運動の第3法則を満たす力の組はない．

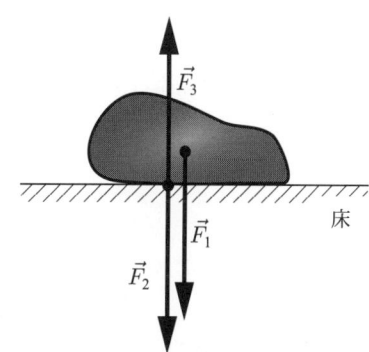

問題 B

[1] 以下の文章の (a) から (f) に適切な数式または語句を入れなさい．

物体の衝突ではその前後で (a) が変化しない．静止した質量 M の物体に図のように質量 m の物体が速さ v_0 で衝突した．衝突後，質量 m の物体は速さ v で進行方向から θ の方向に運動した．衝突後の質量 M の物体の速さを V，運動の方向を ϕ とすると，進行方向の (a) は

$$\underline{\quad(b)\quad} = mv\cos\theta + \underline{\quad(c)\quad},$$

また，進行方向に対して垂直方向は

$$0 = mv\sin\theta - \underline{\quad(d)\quad}$$

である．ここで角度 θ, ϕ は正の値に選んだ．これらの式から，質量 m の物体の速さと方向を使って $V = \underline{\quad(e)\quad}$，$\tan\phi = \underline{\quad(f)\quad}$ となる．物体の衝突では，1 つの物体の衝突後の運動が分かれば，他方の物体の運動を知ることができる．

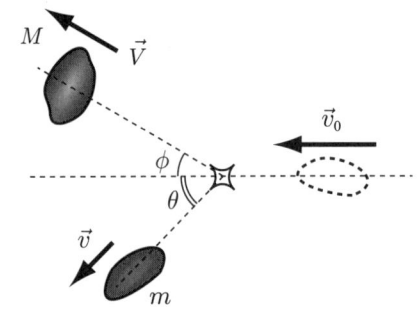

[2] 以下の文章の (a) から (d) に適切な数式または語句を入れなさい．

運動量の保存則とエネルギーの保存則は，ニュートン力学で扱うことのできない現象でも成り立つ基本的な法則である．電子と光の粒子である光子との衝突を考えよう．振動数 ν の光子は運動量 $h\nu/c$，エネルギー $h\nu$ を持つ．図のように光子が静止した電子に衝突し，電子が衝突後に速さ v を持つとき，相対論的なエネルギーの保存則は

$$h\nu + mc^2 = h\nu' + \frac{mc^2}{\sqrt{1-v^2/c^2}}$$

である．また同様に運動量の保存則は

$$\underline{\quad(a)\quad} = \frac{h\nu'}{c}\cos\theta + \frac{mv}{\sqrt{1-v^2/c^2}}\cos\phi$$

$$0 = \underline{\quad(b)\quad} - \frac{mv}{\sqrt{1-v^2/c^2}}\underline{\quad(c)\quad}$$

である．ここで角度 θ, ϕ は正の値に選んだ．この式を計算すると衝突によって光の振動数は

$$\frac{1}{\nu'} = \frac{1}{\nu}\left\{1 + \frac{h\nu}{mc^2}(1-\cos\theta)\right\}$$

と変化する．1928 年にコンプトンは物質によって散乱された X 線のなかに入射 X 線より振動数が (d) ものが混ざることを確認した．この現象をコンプトン散乱と呼ぶ．

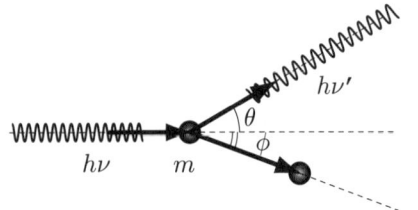

1.3 自由落下と空気の抵抗を受けた運動

地上付近の物体には，鉛直下向きに**重力**が作用する．重力の大きさ F_g は，物体の質量 m に比例して次のように表される．

$$F_g = mg \tag{1.13}$$

ここで，比例定数 g は重力加速度と呼ばれ，この値は地球上の場所により多少の違いがあるが，およその値は 9.8 m/s^2 である．

物体に重力のみが作用するときに，水平に x 軸，鉛直上向きに y 軸を選ぶと運動方程式は，

$$m\frac{d^2x}{dt^2} = 0 \tag{1.14}$$

$$m\frac{d^2y}{dt^2} = -mg \tag{1.15}$$

である．重力のみが作用する運動を**自由落下**と呼ぶ．運動を決めるには**初期条件**も必要であり，時刻 $t = 0$ で位置が ($x(0), y(0)$)，速度が ($v_x(0), v_y(0)$) である運動は次の式となる．

$$x(t) = x(0) + v_x(0)\, t \tag{1.16}$$

$$y(t) = y(0) + v_y(0)\, t - \frac{1}{2}gt^2 \tag{1.17}$$

物体が空気中で運動するときには抵抗力が作用する．空気の抵抗力 $\vec{F}_{\mathrm{drag}}$ は物体の形状と速さにより変化し，およそ次の式で表される．

$$\vec{F}_{\mathrm{drag}} = -\lambda \vec{v} - \kappa |\vec{v}| \vec{v} \tag{1.18}$$

ここで，抵抗力の大きさが速さの1乗に比例する第1項を**粘性抵抗**，速さの2乗に比例する第2項を**慣性抵抗**と呼ぶ．速さが大きいとき，また物体の形状が大きいときには慣性抵抗が重要となる．

―― **例題 1.3 粘性抵抗を受けた物体の落下運動** ――

質量 m の小物体を時刻 $t = 0$ から初速 0 で落下させる．粘性抵抗を受けながら落下するときの速度 $v(t)$ を求めなさい．粘性抵抗の係数を λ，重力加速度を g とする．

【解答例】
鉛直上向きに x 軸を選ぶとき，小物体の運動方程式は次の式となる．

$$m\frac{dv(t)}{dt} = -mg - \lambda v(t) \tag{1.19}$$

この方程式の解で初期条件 $v(0) = 0$ を満たすものを求める．左辺を速度，右辺を時刻のみに変形して，両辺を積分する．

$$\int^{v(t)} \frac{dv'}{g + (\lambda/m)\, v'} = -\int^{t} dt' \tag{1.20}$$

両辺の積分定数は1つにまとめることで次の式を得る．

$$\frac{m}{\lambda} \ln\left| g + \frac{\lambda}{m} v(t) \right| = -t + C \tag{1.21}$$

積分定数は初期条件から $C = (m/\lambda)\ln g$ である．後で分かる終端速度より $v(t)$ の大きさは小さく $g + (\lambda/m)v(t) > 0$ であるので，絶対値を外して

$$v(t) = \frac{mg}{\lambda}\left(e^{-\frac{\lambda}{m}t} - 1\right) \tag{1.22}$$

となる．図 1.2 に速度の時間変化を示した．落下を始めてから十分に時間が経過すると一定の速度 $v_\infty = -mg/\lambda$ となる．この速度を**終端速度**と呼ぶ．

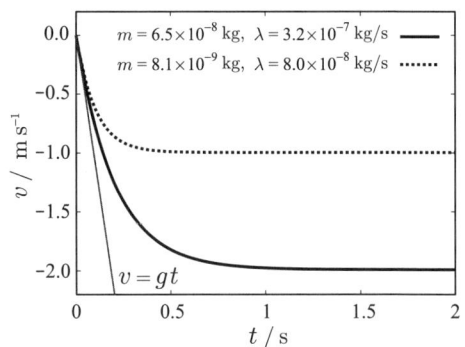

図 1.2 粘性抵抗を受けた小物体の落下速度

問 題 A

[1] 図は小物体を水平に投げ出した運動である．空気抵抗が無視できるとき，点 P の位置で小物体に作用する合力の方向を選びなさい．

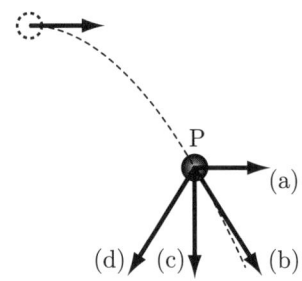

[2] 質量 m の質点が一様な重力を受けるときの運動方程式は，位置を $\vec{r}(t) = x(t)\vec{i} + y(t)\vec{j}$ として

$$m\left(\frac{d^2x(t)}{dt^2}\vec{i} + \frac{d^2y(t)}{dt^2}\vec{j}\right) = -mg\vec{j}$$

と表すことができる．同じ内容の式を選びなさい．

(a) $x(t) = 0,\qquad y(t) = -g$
(b) $x(t) = v_x t,\qquad y(t) = v_y t - \dfrac{1}{2}gt^2$
(c) $m\dfrac{d^2x}{dt^2} = -mg,\quad m\dfrac{d^2y}{dt^2} = -mg$
(d) $m\dfrac{d^2x}{dt^2} = 0,\qquad m\dfrac{d^2y}{dt^2} = -mg$

[3] 空気中の小物体が，速さ v の 1 乗に比例する抵抗と 2 乗に比例する抵抗を受けて上向きに運動する．x 軸を鉛直上向きにとるとき，正しい運動方程式を選びなさい．

(a) $m\dfrac{dv}{dt} = -mg - \lambda v - \kappa v^2$ (b) $m\dfrac{dv}{dt} = -mg + \lambda v - \kappa v^2$

(c) $m\dfrac{dv}{dt} = -mg - \lambda v + \kappa v^2$ (d) $m\dfrac{dv}{dt} = -mg + \lambda v + \kappa v^2$

[4] 前問で小物体が下向きに運動している．正しい運動方程式を選びなさい．

(a) $m\dfrac{dv}{dt} = -mg - \lambda v - \kappa v^2$ (b) $m\dfrac{dv}{dt} = -mg + \lambda v - \kappa v^2$

(c) $m\dfrac{dv}{dt} = -mg - \lambda v + \kappa v^2$ (d) $m\dfrac{dv}{dt} = -mg + \lambda v + \kappa v^2$

問題 B

[1] 以下の文章の (a) から (f) に適切な数式を入れなさい．

水平に x 軸，鉛直上向きに y 軸を選び，原点の位置から時刻 $t=0$ で水平面から角度 θ，速さ v_0 で質量 m の小物体を投げ上げる．空気抵抗が無視でき，運動が xy 面内で起こるとしよう．x 成分，y 成分の運動方程式は，重力加速度を g として

$$m\dfrac{d^2x}{dt^2} = \underline{\text{(a)}}, \qquad m\dfrac{d^2y}{dt^2} = \underline{\text{(b)}}$$

である．この運動方程式を解くと

$$x(t) = x(0) + v_x(0)\,t, \qquad y(t) = y(0) + v_y(0)\,t - \tfrac{1}{2}gt^2$$

となる．ここで，初期条件から $(x(0), y(0)) = (0, 0)$，$(v_x(0), v_y(0)) = \underline{\text{(c)}}$ である．また，これらの式から時刻を消去すると運動の軌道 $y = \underline{\text{(d)}}$ が得られる．投げ上げた水平面に戻るまでの時間が最も長い条件は，$\theta = \underline{\text{(e)}}$，投げ上げた水平面に戻るまでの移動距離が最も長い条件は，$\theta = \underline{\text{(f)}}$ である．

[2] 質量 m の小物体が，時刻 $t=0$ から初速 0 で慣性抵抗を受けながら落下する．x 軸を鉛直上向きにとり，慣性抵抗の係数を κ，重力加速度を g として，以下の問に答えなさい．

(a) 小物体の速度 $v(t)$ を使って，運動方程式を表しなさい．

(b) 時刻の関数として速度 $v(t)$ を求めなさい．ここで次の関係が利用できる．

$$\dfrac{1}{a^2 - b^2} = \dfrac{1}{2a}\left(\dfrac{1}{a+b} + \dfrac{1}{a-b}\right)$$

(c) 落下を始めてから十分に時間が経過したあとの速度（終端速度）v_∞ を求めなさい．

(d) 落下を始めた直後の速度は，$v(t) = -gt$ と表されることを説明しなさい．

問題 C

[1] 雨粒の抵抗力は主に慣性抵抗である．直径 2 mm の雨粒の慣性抵抗の係数を $\kappa = 1.0 \times 10^{-6}$ kg/m として，終端速度を求めなさい．

1.4 単振動

振動が起こる条件は，物体がつり合いから少し位置を変えたときに，つり合いの位置に戻す力が作用することである．ばねを伸ばす（縮める）とき，その力の大きさはばねの自然の長さからの伸び（縮み）に比例する．ばねに質量 m のおもりをつなぐとき，つり合いの位置を基準として運動方向に x 軸を選べば，運動方程式は，次の式となる．

$$m\frac{d^2x}{dt^2} = -kx \tag{1.23}$$

ここで，k を**ばね定数**と呼ぶ．この運動は，つり合いの位置を中心とする振動であり，時間変化は

$$x(t) = A\sin\left(\sqrt{\frac{k}{m}}\,t\right) + B\cos\left(\sqrt{\frac{k}{m}}\,t\right) = C\cos\left(\sqrt{\frac{k}{m}}\,t + \phi\right) \tag{1.24}$$

である．ここで，C は**振幅**，$\omega = \sqrt{k/m}$ は**角振動数**である．また，振動の**周期**は $T = 2\pi/\omega = 2\pi\sqrt{m/k}$，**振動数**は $f = 1/T = (1/2\pi)\sqrt{k/m}$ である．振動の周期は振幅に依存しない．このように正弦関数の時間変化をする振動を**単振動**（**調和振動**）と呼ぶ．なお，式 (1.24) の A, B（または C, ϕ）は初期条件より決まる．

―――― 例題 1.4　ばねにつるしたおもりの運動 ――――

ばね定数 k のばねに質量 m のおもりをつるし，つり合いの位置からばねを伸ばすとき，おもりの運動はつり合いの位置を中心とした単振動であることを示しなさい．ただし，重力加速度を g とする．

【解答例】
鉛直上向きに y 軸を選び，ばねの自然の長さでのおもりの位置を座標の原点とする．おもりの位置が y であるとき，ばねの伸びに比例する力はその向きも考えて，$-ky$ と表される．おもりに作用する力は，ばねの力と重力との合力なので運動方程式は

$$m\frac{d^2y(t)}{dt^2} = -ky(t) - mg \tag{1.25}$$

である．つり合いの位置 y_e は，おもりが静止する条件より式 (1.25) で加速度を 0 とおき，

$$y_e = -\frac{mg}{k} \tag{1.26}$$

となる．式 (1.25) の重力を y_e で表し

$$m\frac{d^2y(t)}{dt^2} = -k\{y(t) - y_e\} \tag{1.27}$$

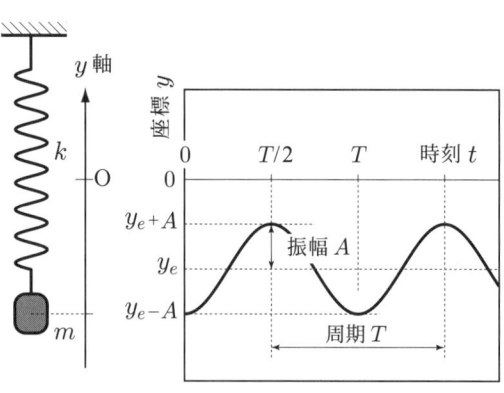

図 1.3　つるしたおもりの単振動

1.4 単振動

となる．ここで，つり合いの位置からの変位を $x(t) = y(t) - y_e$ とおくとき，$d^2x(t)/dt^2 = d^2y(t)/dt^2$ の関係を使って，式 (1.27) は

$$m\frac{d^2x(t)}{dt^2} = -kx(t) \tag{1.28}$$

となる．おもりの運動はつり合いの位置を中心とした単振動であることが分かる．

問題 A

[1] ばねにつるしたおもりの単振動で，おもりの質量を 2 倍とするとき，振動数は何倍になるかを選びなさい．

(a) 2 倍　　　(b) $\sqrt{2}$ 倍　　　(c) 1 倍　　　(d) $1/\sqrt{2}$ 倍　　　(d) $1/2$ 倍

[2] ばねにつるしたおもりの単振動について正しい説明を選びなさい．

(a) おもりが大きく振動すると振動の周期は長くなる．
(b) 同じばねとおもりを使うとき，月面上での振動の周期は地球上より長い．
(c) 2 つのばねを直列につなぐときの振動の周期は，同じおもりを使ったそれぞれのばねと比較して長い．
(d) 2 つのばねと 2 つのおもりを用意したとき，おもりをつるしたときの伸びが長い組み合わせが振動の周期が長い．

[3] 図のように，ばね定数 k_1 と k_2 の 2 つのばねの中央に質量 m のおもりをつないだ．振動の周期 T を選びなさい．

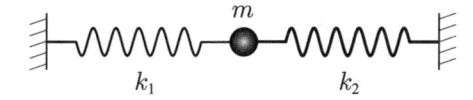

(a) $T = 2\pi\sqrt{\dfrac{m}{k_1}}$　　　　(b) $T = 2\pi\sqrt{\dfrac{m}{k_2}}$
(c) $T = 2\pi\sqrt{\dfrac{m}{|k_1 - k_2|}}$　　　(d) $T = 2\pi\sqrt{\dfrac{m}{k_1 + k_2}}$

[4] 次の運動方程式で表される小物体の運動は，$\beta (> 0)$ が小さいときつり合いの位置を中心として振動をする．

$$m\frac{d^2x}{dt^2} = -kx + \beta x^3$$

振動の振幅を大きくするとき，振動の周期について正しい説明を選びなさい．

(a) 長くなる．　　　(b) 短くなる．　　　(c) 変化しない．
(d) 問題文の条件からでは決まらない．

問題 B

[1] 以下の文章の (a) から (d) に適切な数式を入れなさい．

長さ ℓ の糸に質量 m の小さなおもりをつけて振り子とした．振り子の周期を求めよう．おもりが鉛直より θ だけ傾いているときの円周の接線方向の力は $F =$ (a) である．ここで，力につけた負の符号は，傾きを減らす方向に力が作用することによる．また，おもりの鉛直の位置から接線方向の移動距離は (b) である．したがって，運動方程式は，

$$m\ell \frac{d^2\theta}{dt^2} = \text{(a)}$$

となる．振幅が小さいとき，ふれ角 θ について $\sin\theta \approx \theta$ と近似して

$$\frac{d^2\theta}{dt^2} = \text{(c)}$$

である．したがって，振り子の周期は振幅が小さいときは (d) となる．

[2] 以下の文章の (a) から (f) に適切な数式または語句を入れなさい．

図のように水平な台の上に，ばね定数 k のばねの一端を固定し，他端に質量 m の小物体をつなぎ，ばねを A だけ伸ばして時刻 $t=0$ で静かに小物体を離した．小物体と台との間に一定の大きさの摩擦力 $\mu' mg$ が作用するときの運動を調べよう．ばねの伸びの方向に x 軸を選び，ばねが自然の長さのときの小物体の位置を原点とする．小物体を離した後でばねが最も縮むまでの小物体の運動方程式は，

$$m\frac{d^2 x(t)}{dt^2} = -kx(t) + \text{(a)}$$

である．ここで，$y(t) = x(t) -$ (b) とおくとき，$d^2 y(t)/dt^2 = d^2 x(t)/dt^2$ の関係を使って，単振動の運動方程式 $m(d^2 y/dt^2) = -ky$ に書き直すことができる．この式と初期条件から，小物体の位置の時間変化は

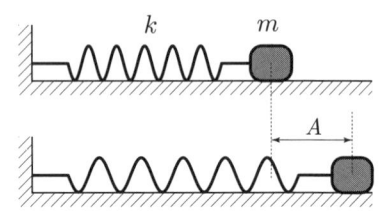

$$x(t) = \text{(c)} \cos\left(\sqrt{\frac{k}{m}}\, t\right) + \text{(d)}$$

と表される．したがって，ばねが最も縮むまでの時間は (e) と求められ，摩擦力がない場合と比べて (f) ．

問題 C

[1] 1851 年，フーコーは地球の自転を示す公開実験をパリのパンテオンで行った．このときの振り子の長さは 67 m，おもりの質量は 28 kg である．振り子の周期を求めなさい．

1.5 仕　事

物体の微小な変位を $\Delta \vec{s}$ とするとき，物体に作用している１つの力 $\vec{F}$ に注目して**仕事** ΔW を $\vec{F}$ と $\Delta \vec{s}$ のスカラー積

$$\Delta W = \vec{F} \cdot \Delta \vec{s} = |\vec{F}||\Delta \vec{s}| \cos \theta \tag{1.29}$$

と約束する．ここで，θ は力と変位のなす角である．力の単位にN，変位の単位にmを用いると仕事の単位はN·mと組み立てられ，この組立単位をJと表し，**ジュール**と呼ぶ．一般に，物体に作用する力 $\vec{F}$ が一定ではなく物体が点Pから点Qまで曲線Cに沿って運動するとき，曲線C全体で仕事は

$$W = \int_{C\,(P \to Q)} \vec{F} \cdot d\vec{s} \tag{1.30}$$

と**線積分**を使って表される．仕事は，物体のはじめの位置と到着した位置を決めても，通り道を決めなければ求められない．

微小な変位 $d\vec{s}$ が時間 dt で行われたとき，単位時間あたりの仕事である**仕事率** P は

$$P = \vec{F} \cdot \frac{d\vec{s}}{dt} = \vec{F} \cdot \vec{v} \tag{1.31}$$

である．仕事率の単位はJ/sと組み立てられ，この組立単位をWと表し，**ワット**と読む．

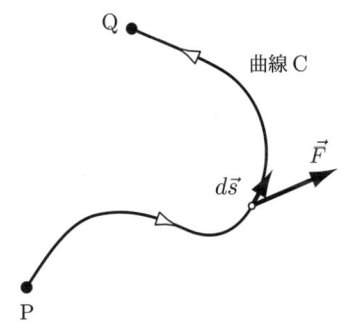

図 1.4　仕事

―――― **例題 1.5　摩擦力のする仕事** ――――――――――――

直線上を運動する質量 m，速さ v_0 の小物体が一定の大きさの摩擦力を受けて静止した．静止するまでに摩擦力がする仕事を求めなさい．

【解答例】
運動の方向に x 軸を選び，摩擦力の大きさを f とおくと，運動方程式は

$$m \frac{d^2 x}{dt^2} = -f \tag{1.32}$$

である．時刻 $t = 0$ での速さを v_0，位置を 0 とするとき，静止するまでの小物体の運動は，$v(t) = v_0 - ft/m$, $x(t) = v_0 t - ft^2/(2m)$ と表される．静止の時刻は mv_0/f であるから，静止までの移動距離は $mv_0^2/2f$ である．摩擦力は大きさが一定であり，その方向は運動と逆向きであるから，摩擦力の仕事は

$$W = -f \frac{mv_0^2}{2f} = -\frac{1}{2}mv_0^2 \tag{1.33}$$

と求まる．

問題 A

[1] 仕事について正しい説明を選びなさい．

   (a) 小物体が一定の半径で等速円運動をするとき，小物体に作用する中心向きの力がする仕事は 0 である．

   (b) 引きずる物体に作用する摩擦力がする仕事は負の値を持つ．

   (c) 物体を引きずるとき，床に作用する摩擦力がする仕事は正の値を持つ．

[2] 水平な床に置かれた 2 kg の物体に，水平から測って 60 度上向きに大きさ 8 N の力を作用させた．物体は床を離れることなく 0.01 m 移動した．このとき，仕事の大きさを選びなさい．

   (a) 1×10^{-2} J   (b) 2×10^{-2} J   (c) 4×10^{-2} J   (d) 8×10^{-2} J

[3] 摩擦のある斜面に置かれた質量 m の物体を斜面に沿って高さ h_1 から h_2 まで引き上げた．重力加速度が g であるとき，重力のする仕事について正しいものを選びなさい．

   (a) $mg(h_2 - h_1)$ (b) $mg(h_1 - h_2)$ (c) 問題文の条件からでは決まらない．

[4] 100 W の仕事率で 1 時間の仕事をするとき，100 kg のおもりを持ち上げられる高さを選びなさい．

   (a) 3.7 m   (b) 37 m   (c) 3.7×10^2 m   (d) 3.7×10^3 m

問題 B

[1] 以下の文章の (a) から (e) に適切な数式を入れなさい．

物体を移動させるとき，作用する力を物体の位置ごとに知ることができれば仕事を計算できる．力が位置の関数として $\vec{F} = (\alpha y, 0)$ と与えられるとき，点 P の位置を (a, b) として，図のように物体を 2 つの経路 O→A→P と O→B→P で移動する場合の仕事 W_A と W_B を求めよう．

経路 O→A→P の仕事 W_A は，その経路を 2 つに分けて

$$W_A = \int_{C\ (O \to A)} \vec{F} \cdot d\vec{r} + \int_{C\ (A \to P)} \vec{F} \cdot d\vec{r}$$

と計算する．第 1 項の O→A での仕事は，スカラー積を成分を使って表すと，$d\vec{r} = (dx, dy)$ より

$$\int_0^0 \alpha y\, dx + \int_0^b \underline{\quad(a)\quad} dy$$

である．同様に第 2 項の A→P は

$$\int_0^a \underline{\quad(b)\quad} dx + \int_b^b \underline{\quad(c)\quad} dy$$

である．これらの計算の和より，$W_A = $ __(d)__
と求まる．同様に，経路 O→B→P について計算
すると $W_B = $ __(e)__ である．この例では，2
つの経路で仕事の大きさが異なる．

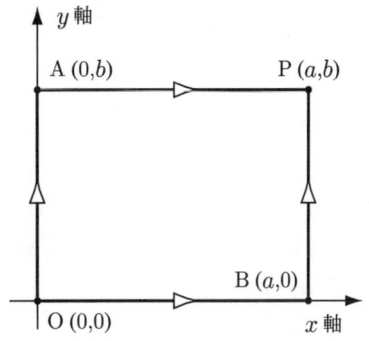

[2] 力が位置の関数として $\vec{F} = (\alpha y, \beta x)$ と与えられるとき，原点から点 P(a, b) までの直線の経路での仕事を求めなさい．

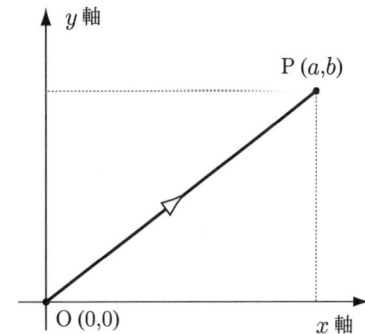

1.6 位置エネルギー

仕事は，物体のはじめの位置と到着した位置を決めても，通り道により大きさが異なる．しかし，物体に作用する力の性質によっては，物体のはじめの位置と到着した位置により仕事の大きさが決まり，通り道によらない場合がある．このような力を**保存力**と呼ぶ．このとき，基準位置を決めれば任意の位置について仕事の大きさに関係づけた数値を割り振ることができる．力が保存力のとき，点Qの位置での**位置エネルギー**を，基準位置である点Pからの仕事の大きさに負の符号を付けた量として，次のように約束する．

$$U(\vec{r}) = -W = -\int_{P \to Q} \vec{F} \cdot d\vec{s} \tag{1.34}$$

位置エネルギーは**ポテンシャル**とも呼ばれる．位置エネルギーの単位は仕事と同じく J（ジュール）を使用する．

位置エネルギーの数値が等しい位置を結ぶと3次元空間では曲面となり，2次元平面では曲線となる．この曲面（曲線）を等位置エネルギー曲面（曲線）または等ポテンシャル曲面（曲線）と呼ぶ．等位置エネルギー曲面と保存力には幾何学的な関係があり，(1) 保存力の方向は等位置エネルギー曲面に垂直，(2) 保存力の大きさは等位置エネルギー曲面の間隔に反比例，が成り立つ．また，位置エネルギーが座標の関数として $U(x,y,z)$ と与えられるとき，保存力 $\vec{F}$ は次の式で与えられる．

$$\vec{F} = \left(-\frac{\partial U}{\partial x}, -\frac{\partial U}{\partial y}, -\frac{\partial U}{\partial z} \right) \tag{1.35}$$

―――― **例題 1.6　ばねの力の位置エネルギー** ――――――――――――――――

ばね定数 k のばねについて，自然の長さを基準位置として伸びが x_0 であるときの位置エネルギーを求めなさい．

【解答例】
ばねの伸びの方向に x 軸を選び，自然の長さを原点とすると，ばねの力は $F = -kx$ である．自然の長さから x_0 だけ伸ばすときの仕事 W は

$$W = \int_0^{x_0} (-kx)\, dx = -\frac{1}{2} k x_0^2 \tag{1.36}$$

である．この仕事は，基準位置と伸びの大きさ x_0 を決めると同じ値となるので，ばねの力は保存力である．したがって，位置エネルギーは

$$U(x_0) = -W = \frac{1}{2} k x_0^2 \tag{1.37}$$

と求まる．

問題 A

[1] 鉛直上向きに y 軸を選び，重力の位置エネルギーの基準点を地表から高さ y_0 の位置とする．質量 m の物体の地表での位置エネルギーを答えなさい．ただし，重力加速度を g とする．

(a) mgy_0 (b) $mg(y_0 - y)$ (c) $-mg(y_0 - y)$ (d) $-mgy_0$

[2] 摩擦のない水平な台に，ばね定数 k のばねを横たえて固定し，他端に小物体をつないだ．ばねを自然の長さから a だけ伸ばして小物体を離すと，自然の長さから a だけ縮んだ．この間のばねの力がする仕事 W を選びなさい．

(a) ka^2 (b) $\frac{1}{2}ka^2$ (c) 0 (d) $-\frac{1}{2}ka^2$ (e) $-ka^2$

[3] ばね定数 k のばねの位置エネルギーの基準点を，ばねの伸びが a である位置に選ぶ．ばねの伸びが x であるときの位置エネルギーを選びなさい．

(a) $\frac{1}{2}kx^2$ (b) $\frac{1}{2}kx^2 - \frac{1}{2}ka^2$ (c) $\frac{1}{2}kx^2 + \frac{1}{2}ka^2$ (d) $-\frac{1}{2}kx^2 + \frac{1}{2}ka^2$

[4] 図は地図の等高線を表している．点Pの位置にボールを置くとき転がりはじめる向きを選びなさい．

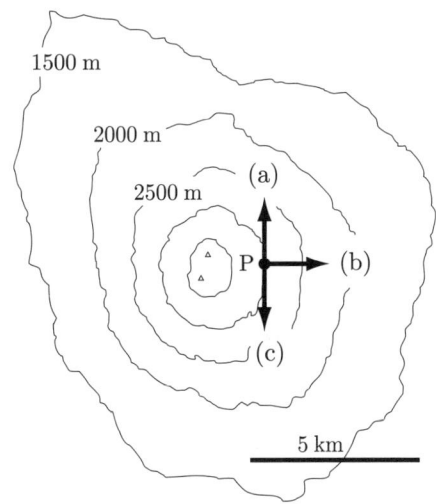

問題 B

[1] 以下の文章の (a) から (f) に適切な数式または語句を入れなさい．

質量 M と m の物体間には，距離 r の2乗に逆比例する万有引力

$$F = -G\frac{Mm}{r^2}$$

が作用する．質量 M の物体の位置を原点に取り，図のように質量 m の物体を位置Aから位置Bまで移動させるときの万有引力の位置エネルギーの変化を計算する．位置Aから位置Pまでの円弧に沿った移動では力と移動方向が (a) なので，力のする仕事は (b) である．一方，位置Pから位置Bまでは力と移動方向が (c) である．したがって，位

置 A から位置 B の仕事は

$$W = \int_{r_B}^{r_A} \underline{\quad(d)\quad} dr$$
$$= -GMm\left(\underline{\quad(e)\quad}\right)$$

である．ここで，r_A と r_B は質量 M からそれぞれの位置までの距離である．基準点となる位置 A を無限遠に選べば，原点から距離 r の位置の万有引力の位置エネルギーは $\underline{\quad(f)\quad}$ となる．

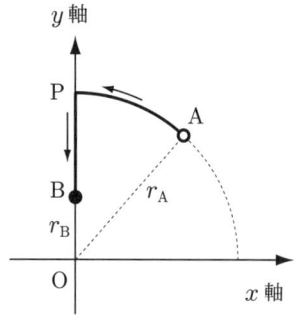

[2] xy 平面で質量 m の質点が位置エネルギー $U(x,y) = ax^2 + 4ay^2$ からの力を受けて運動する．以下の問に答えなさい．

(a) x 方向と y 方向の運動方程式を書きなさい．

(b) 時刻 $t = 0$ での質点の位置が (C, D)，速度が $(0, 0)$ であるときの運動を求めなさい．

(c) 前問の質点の運動の軌道は放物線であることを説明しなさい．

問題 C

[1] 質量 m の小物体を半径 R，質量 M の球の表面に置くとき，万有引力のポテンシャルは無限遠を基準として $U = -GMm/R$ である．地球と月の表面に 1 kg の小物体を置くときの万有引力の位置エネルギーを求めなさい．ただし，地球の質量 5.97×10^{24} kg，地球の半径 6.37×10^3 km，月の質量 7.35×10^{22} kg，月の半径 1.74×10^3 km である．

1.7 運動エネルギー

仕事は，物体に作用するそれぞれの力ごとに求められる量である．一般に，物体には複数の力が作用しており，物体の速度の変化は作用する力の和である合力と結び付けられる．物体が曲線 C に沿って点 P の位置から点 Q の位置まで移動するとき，それらの位置での物体の速さ v_P と v_Q は，合力 $\vec{F}$ のする仕事と

$$\frac{1}{2}m v_Q^2 - \frac{1}{2}m v_P^2 = \int_{C\,(P \to Q)} \vec{F} \cdot d\vec{r} \tag{1.38}$$

の関係式で結ばれている．

質量 m の物体が速さ v で運動するときに $K = \frac{1}{2}mv^2$ で求められる量を**運動エネルギー**と呼ぶ．この式は「点 P の位置から点 Q の位置までの運動エネルギーの変化は，その間に物体に作用する合力のする仕事（全ての力がする仕事の和）に等しい」ことを意味する．運動エネルギーの単位は仕事と同じく J（ジュール）を使用する．

例題 1.7　投げたボールの運動エネルギーの大きさ

質量 145 g の野球のボールを時速 120 km で投げるとき，ボールの持つ運動エネルギーの大きさを求めなさい．

【解答例】
運動エネルギー $K = \frac{1}{2}mv^2$ に数値を代入して求められる．それぞれの数値は，計算の途中で SI 基本単位に換算することに注意して次のように計算される．

$$K = \frac{1}{2} \times 145\,\text{g} \times (120\,\text{km/h})^2 = \frac{1}{2} \times (145 \times 10^{-3}\,\text{kg}) \times \left(\frac{120 \times 10^3\,\text{m}}{3600\,\text{s}}\right)^2 = 81\,\text{J} \tag{1.39}$$

問題 A

[1] 運動エネルギーについて正しい説明を選びなさい．

  (a) 物体に力が作用すると運動エネルギーは変化する．
  (b) 物体に摩擦力が作用すると運動エネルギーは減少する．
  (c) 運動エネルギーの変化から物体に作用した力の大きさが分かる．

[2] 摩擦のない水平な台の上の物体を，水平方向に作用する一定の大きさ F の力で距離 a だけ引いた．水平方向には他に力が作用していないとき，増加した運動エネルギーの大きさを選びなさい．

  (a) $Fa/2$　　　(b) Fa　　　(c) $2Fa$　　　(d) 問題文の条件からでは決まらない．

[3] 運動する物体に一定の大きさの力を作用させて静止させる．初めの速さを2倍にするとき，静止するまでの距離は何倍になるかを選びなさい．

(a) 1/2 倍 　　　 (b) 1 倍 　　　 (c) 2 倍 　　　 (d) 4 倍

[4] 合力の仕事率を P とするとき，運動エネルギー $K(t)$ の時間変化を表す正しい関係式を選びなさい．

(a) $K(t) = P$ 　　 (b) $\dfrac{dK(t)}{dt} = \dfrac{dP}{dt}$ 　　 (c) $\dfrac{dK(t)}{dt} = P$ 　　 (d) $\dfrac{d^2K(t)}{dt^2} = P$

問題 B

[1] 以下の文章の ___(a)___ から ___(e)___ に適切な数式を入れなさい．

物体に作用する力がする仕事が，運動エネルギーの変化に等しいことを1つの例について確かめよう．水平面を運動する質量 m の物体が，速さに比例する空気の抵抗（粘性抵抗）を受けて静止する．このとき運動方程式は，

$$m\frac{dv}{dt} = -\lambda v$$

である．時刻 $t=0$ で速度を v_0 とすると，速度の時間変化は $v(t) = v_0 e^{-(\lambda/m)t}$ である．時刻 $t=0$ での物体の位置を 0 として静止する位置を x_max すると，抵抗力がする仕事は

$$W = \int_0^{x_\text{max}} \underline{\quad(a)\quad} dx$$

である．ここで，速度の時間変化から $dx = \underline{\quad(b)\quad} dt$ である．この関係と速度の時間変化を代入すると

$$W = \int_0^\infty \underline{\quad(c)\quad} dt = \left[\underline{\quad(d)\quad} \right]_0^\infty = -\frac{1}{2}mv_0^2$$

となる．時刻 $t=0$ での物体の運動エネルギーは $\frac{1}{2}mv_0^2$，静止したときは 0 であるから，この仕事は運動エネルギーの変化に等しい．また，運動の第3法則（作用‐反作用の法則）より，物体が静止するまでに外部（ここでは空気）にする仕事は ___(e)___ である．

[2] 以下の文章の ___(a)___ から ___(f)___ に適切な数式または語句を入れなさい．

物体の衝突の前後では ___(a)___ は変化しない．さらに運動エネルギーの和が変化しない衝突を ___(b)___ と呼ぶ．いま，質量が等しい2つの物体の直線上での衝突を考える．衝突前の量に添え字 0 をつけて表し，(a) が変化しないことより

$$mv_0 + mV_0 = mv + mV$$

である．また，運動エネルギーの和が変化しない条件は

___(c)___

である．これらの式より，$v^2 - (v_0 + V_0)v + v_0 V_0 = 0$ が得られ，衝突で速度が変化することより，$v =$ __(d)__ ，また，同様にして $V =$ __(e)__ である．つまり，質量が等しい物体の衝突では速度が __(f)__ ．

問題 C

[1] 直径 52 m のプロペラ型の風力発電機は，強風に相当する定格風速 16 m/s のときの出力は 850 kW である．空気の運動エネルギーのどれだけの割合を電気エネルギーに変換しているかを求めなさい．空気の密度は 1.2 kg/m³ である．

1.8 力学的エネルギーとその保存

物体に作用する合力を，保存力 $\vec{F}_C$ と保存力以外の力 $\vec{F}'$ に分けよう．点 P と点 Q の位置での物体の速さを v_P と v_Q とするとき，運動エネルギーの変化は

$$\frac{1}{2}m v_Q^2 - \frac{1}{2}m v_P^2 = \int_{C\ (P\to Q)} \vec{F}_C \cdot d\vec{r} + \int_{C\ (P\to Q)} \vec{F}' \cdot d\vec{r} \tag{1.40}$$

である．右辺の仕事の2つの項の中で，保存力の仕事は位置エネルギーで表すことができて，

$$\left(\frac{1}{2}m v_Q^2 + U_Q\right) - \left(\frac{1}{2}m v_P^2 + U_P\right) = \int_{C\ (P\to Q)} \vec{F}' \cdot d\vec{r} \tag{1.41}$$

となる．左辺のそれぞれの括弧内の式は，点 P と点 Q の位置とそのときの物体の運動のみで決まる量であり，途中の状態によらない．括弧内の運動エネルギーと位置エネルギーの和 $E = \frac{1}{2}mv^2 + U$ を**力学的エネルギー**と呼ぶ．力学的エネルギーの変化は保存力以外の力がする仕事に等しい．特に「保存力以外の力が作用しない，または仕事をしない場合には力学的エネルギーは一定に保たれる」．この法則を**力学的エネルギーの保存則**と呼ぶ．

――― 例題 1.8　ばねによる運動での力学的エネルギー ―――

摩擦のない水平な床の上で，ばね定数 k のばねにつないだ質量 m の小物体の運動は，自然の長さの位置を中心とした単振動である．この運動で力学的エネルギーが保存することを説明しなさい．

【解答例】

ばねの自然の長さを座標の原点に選ぶとき，ばねの自然の長さの位置を中心とした単振動であるので，初期条件から決まる定数を A と ϕ として，小物体の位置の時間変化は，

$$x(t) = A\cos\left(\sqrt{\frac{k}{m}}\,t + \phi\right) \tag{1.42}$$

である．ばねの力の位置エネルギーは，自然の長さを基準として $U = kx^2/2$ であるので，時刻 t での小物体の位置エネルギーは次の式となる．

$$U = \frac{1}{2}kA^2 \cos^2\left(\sqrt{\frac{k}{m}}\,t + \phi\right) \tag{1.43}$$

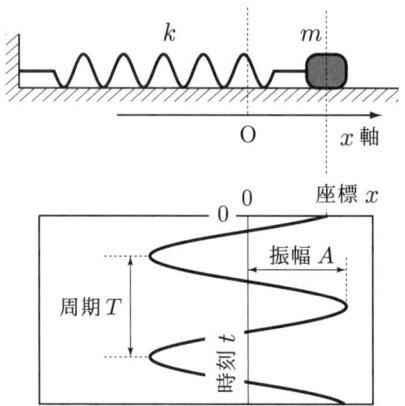

図 1.5　ばねと小物体の単振動

一方，運動エネルギーは次の式となる．

$$K = \frac{1}{2}m\left(\frac{dx}{dt}\right)^2 = \frac{1}{2}kA^2 \sin^2\left(\sqrt{\frac{k}{m}}\,t + \phi\right) \tag{1.44}$$

したがって，力学エネルギー E は

$$E = K + U = \frac{1}{2}kA^2 \tag{1.45}$$

となり，時刻によらず一定である．

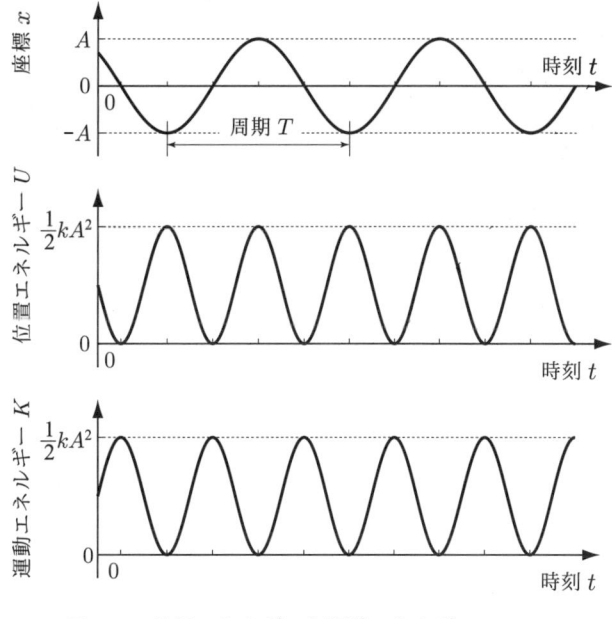

図 1.6 位置エネルギーと運動エネルギー

問題 A

[1] 力学的エネルギーについて正しい説明を選びなさい．

(a) 力学的エネルギーはつねに正の値を持つ．
(b) 物体に力が作用すると力学的エネルギーは変化する．
(c) 物体の速度が変化しても力学的エネルギーは変化しないことがある．

[2] ある高さから小さな物体を同じ速さで水平と鉛直下方に投げる．空気抵抗が無視できるとき，地上に衝突するときの速さについて正しい説明を選びなさい．

(a) 下方に投げた物体の速さは，水平に投げた物体よりも速い．
(b) 下方に投げた物体の速さと水平に投げた物体の速さは等しい．
(c) 下方に投げた物体の速さは，水平に投げた物体よりも遅い．
(d) 問題文からは判断できない．

[3] 水平な摩擦のない台の上で，ばね定数 k のばねに質量 m の小物体をつけ，ばねを a だけ伸ばした位置から静かに運動させる．ばねの伸びを x として，ばねの位置エネルギーを a だけ伸ばした位置に選ぶとき，力学的エネルギーの保存を表す関係を選びなさい．

(a) $\frac{1}{2}mv^2 + \frac{1}{2}kx^2 = 0$ (b) $\frac{1}{2}mv^2 + \frac{1}{2}kx^2 - \frac{1}{2}ka^2 = 0$

(c) $\frac{1}{2}mv^2 + \frac{1}{2}k(x-a)^2 = 0$ (d) $\frac{1}{2}mv^2 + \frac{1}{2}kx^2 + \frac{1}{2}ka^2 = 0$

[4] 水平な摩擦のない台の上で，ばね定数 k のばねに質量 m の小物体をつけ，ばねを a だけ伸ばした位置から静かに運動させる．ばねが自然の長さのときの小物体の速さを選びなさい

(a) $\dfrac{k}{2m}a^2$ (b) $\dfrac{k}{m}a^2$ (c) $\sqrt{\dfrac{k}{2m}}\,a$ (d) $\sqrt{\dfrac{k}{m}}\,a$

問題 B

[1] 質量 m の物体が質量 M の天体の周囲で半径 R の円運動をしている．万有引力定数を G として，以下の問に答えなさい．

(a) 円運動での物体の速さを求めなさい．
(b) 物体の運動エネルギーを求めなさい．
(c) 無限遠を基準として，中心から R の位置での物体の万有引力の位置エネルギーを答えなさい．
(d) 物体の力学的エネルギーを答えなさい．

[2] ばね定数 k のばねに質量 m のおもりをつるし，つり合い位置から a だけ伸ばして時刻 $t=0$ で静かに離した．重力加速度を g として以下の問に答えなさい．

(a) 鉛直上向きに y 軸を選び，ばねの自然の長さでのおもりの位置を座標の原点とする．運動方程式を書き，おもりの運動を求めなさい．
(b) 時刻 t でのばねの力の位置エネルギーと重力の位置エネルギーを書きなさい．
(c) 時刻 t での運動エネルギーを書きなさい．
(d) 力学的エネルギーが時刻によらないことを示しなさい．

問題 C

[1] 日本の遊園地にあるコースターで最も大きな最大落差（2011 年現在）は 93.4 m である．抵抗によって力学的エネルギーが失われないとしたときの最下点でのコースターの速さを求めなさい．
【参考】コースターのパンフレットには最高速度 153 km/h と記載されている．

1.9 角運動量

円運動に限ることなく回転の勢いに関係づけられる量として，**面積速度**と**角運動量（角運動量ベクトル）**が使われる．原点から質点までの位置ベクトルが単位時間に描く面積である面積速度 dS/dt は

$$\frac{dS}{dt} = \frac{1}{2}|\vec{r}|\,|\vec{v}|\sin\phi \tag{1.46}$$

である．ここで ϕ は位置ベクトルと速度ベクトルのなす角である．質点が原点より遠くにあり，また円周方向の速さが大きいときに面積速度は大きくなる．また，回転を特徴づけるベクトルの方向を回転運動を行う面の法線ベクトルと選ぶことで，角運動量ベクトル $\vec{\ell}$ は，質点の位置ベクトル $\vec{r}$ と運動量ベクトル $m\vec{v}$ のベクトル積として

$$\vec{\ell} = \vec{r} \times m\vec{v} \tag{1.47}$$

と表される．面積速度と角運動量ベクトルには

$$\frac{dS}{dt} = \frac{|\vec{\ell}|}{2m} \tag{1.48}$$

の関係がある．

角運動量ベクトルの時間変化は，運動方程式から質点に作用する力と関係する．運動方程式の両辺と位置ベクトルとの間でベクトル積を計算して

$$\frac{d\vec{\ell}}{dt} = \vec{r} \times \vec{F} \tag{1.49}$$

が得られる．ここで右辺の位置ベクトルと力のベクトル積 $\vec{N} = \vec{r} \times \vec{F}$ を**力のモーメント（トルク）**と呼ぶ．この式から「力のモーメントが 0 であれば，角運動量ベクトルは一定に保たれる」ことが分かる．この法則を**角運動量の保存則**と呼ぶ．力がつねに座標の原点に向く**中心力**では，原点のまわりの角運動量は一定である．

―――― 例題 1.9　惑星の運動と面積速度 ――――

ハレー彗星の軌道は太陽を焦点とする楕円である．太陽に最も近づく近日点の太陽との距離は 0.59 天文単位，太陽から最も遠ざかる遠日点の距離は 35 天文単位である．近日点の速さが 2.1×10^5 m/s であるとき，遠日点の速さを求めなさい．ここで，天文単位は地球－太陽間の距離で 1.496×10^{11} m である．

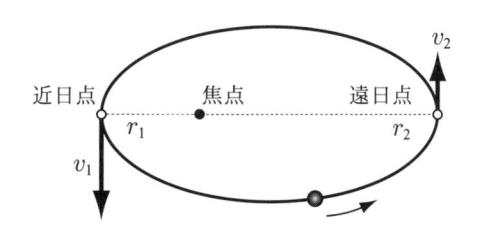

図 1.7　楕円軌道

【解答例】
ハレー彗星の運動は太陽の万有引力による運動であり，面積速度は一定である．近日点の距離と

速さを r_1 と v_1,遠日点を r_2 と v_2 とするとき,近日点と遠日点では位置ベクトルと速度ベクトルは直交するので,次の式

$$\frac{1}{2}r_1 v_1 = \frac{1}{2}r_2 v_2 \tag{1.50}$$

が成り立つ.したがって,数値を代入して

$$v_2 = \frac{r_1}{r_2}v_1 = \frac{0.59 \text{ 天文単位}}{35 \text{ 天文単位}} \times (2.1 \times 10^5 \text{ m/s}) = 3.5 \times 10^3 \text{ m/s} \tag{1.51}$$

と求まる.

問題 A

[1] 角運動量について正しい説明を選びなさい.
   (a) 等速直線運動の質点では,原点のまわりの角運動量は時刻によらず一定である.
   (b) 中心が原点でない等速円運動の質点では,原点のまわりの角運動量は時刻によって変化する.
   (c) 平面内での質点の角運動量が一定となる運動の軌道は,直線,楕円,放物線,双極曲線のいずれかである.
   (d) 角運動量が変化しなければ,運動エネルギーは変化しない.

[2] 円運動において,質点の速さが等しく半径が 2 倍になるとき,角運動量の大きさは何倍になるかを選びなさい.
   (a) 1/2 倍　　　(b) 1 倍　　　(c) 2 倍　　　(d) 4 倍

[3] 質量 m の質点の位置が $(a, 0, 0)$,速度が $(v_x, v_y, 0)$ である.このときの角運動量の大きさを求めなさい.
   (a) $m a v_x$　　　(b) $m a v_y$　　　(c) $m a \sqrt{v_x^2 + v_y^2}$

[4] 質量 m の質点の位置が $(0, b, 0)$,速度が $(0, v_y, v_z)$ である.このときの角運動量の方向を求めなさい.
   (a) x 軸の方向　　　(b) y 軸の方向　　　(c) z 軸の方向　　　(d) その他の方向

問題 B

[1] xy 平面上で楕円運動をする質量 m の質点の位置ベクトルが,時刻 t の関数として $\vec{r}(t) = (A\cos\omega t, B\sin\omega t, 0)$ と表されている.ここで,A, B, ω は定数である.以下の問に答えなさい.
   (a) 質点の角運動量を求め,時刻によらず一定であることを説明しなさい.
   (b) 質点に作用する力は中心力であることを説明しなさい.

[2] 図のように，質量 m の小物体が半径 r_1，速さ v_1 で摩擦のない平面を円運動している．小物体につけた糸を引いて円運動の半径を r_2 に変化させるとき，以下の問に答えなさい．

(a) 円運動の半径が変化しても小物体の角運動量が変化しないことを説明しなさい．

(b) 半径が r_2 のときの小物体の速さを求めなさい．

(c) 半径が r_2 のときの小物体の運動エネルギーの増加を求めなさい．

(d) 運動エネルギーの増加は糸を引く力のする仕事と等しいことを説明しなさい．

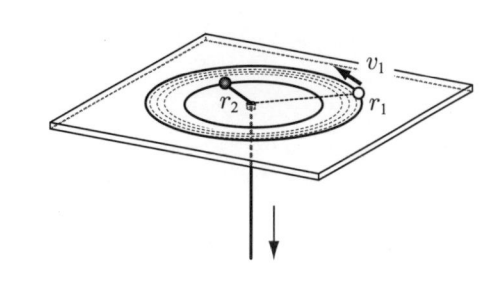

問題 C

[1] 木星の公転による角運動量の大きさは，地球の公転による角運動量の何倍であるかを求めなさい．ただし，木星の軌道半径は 5.20 天文単位，質量は地球の 317 倍である．
【参考】太陽系の角運動量の大部分は木星の公転運動が担っている．

2. 波　動

2.1 波の表し方

　波（波動）は媒質の振動が空間的に伝わる現象である．媒質の平均的な位置からのずれである変位が波の伝わる方向と垂直な場合を**横波**，平行な場合を**縦波**と呼ぶ．波の運動を表すためには，位置と時刻ごとに媒質の変位を明らかにする必要がある．たとえば，波動の進行方向である x 軸を横軸，変位 u を縦軸に選び，時刻 t ごとに波の形をグラフに描くことで波の運動を表すことができる．また，数式を使っても波の運動を表すことができる．

　典型的な波である**正弦波**は，波の進行方向を x 軸，時刻を t とするとき，次の式で表される．この波は x 軸の正の方向に速さ v で移動している．

$$u(x, t) = A \sin\left(2\pi \frac{x - vt}{\lambda} + \phi\right) \tag{2.1}$$

三角関数の括弧内の値を波の**位相**と呼ぶ．ここで，波形の繰り返しの長さである λ を**波長**，変位の最大値 A を**振幅**と呼ぶ．また，ある位置で観測するときの変化の繰り返しの時間 T が**周期**，また単位時間あたりの繰り返しの回数 $f = 1/T$ が**振動数**である．これらの約束より波の速さには

$$v = \frac{\lambda}{T} = \lambda f \tag{2.2}$$

の関係が成り立つ．正弦波を，単位長さの 2π 倍あたりの波形の繰り返しの数である**波数** $k = 2\pi/\lambda$ と**角振動数** $\omega = 2\pi f$ で表すこともよく行われる．このとき，式 (2.1) と同じ波を表す式は次の式となる．

$$u(x, t) = A \sin(kx - \omega t + \phi) \tag{2.3}$$

―――― 例題 2.1　音波の波長と振動数 ――――――――――――――――

空気の音速は 347 m/s（25 °C）である．振動数が 440 Hz（「ラ（A）」音）の音波の波長と波数を求めなさい．

【解答例】
音速と波長と振動数の関係である式 (2.2)，波数と波長の関係 $k = 2\pi/\lambda$ に数値を代入することで求められる．

$$\lambda = \frac{347 \text{ m/s}}{440 \text{ Hz}} = 0.789 \text{ m}, \qquad k = \frac{2 \times 3.14}{0.789 \text{ m}} = 7.97 \text{ m}^{-1} \tag{2.4}$$

問題 A

[1] 以下の文章の (a) と (b) に適切な語句を入れなさい．

音波は材料中を伝わる振動である．空気中の音波は空気の振動方向が波の伝わる方向と平行なので (a) である．一方，固体中の音波は，空気中とおなじく振動方向が波の伝わる方向と平行な場合だけでなく，振動方向が波の伝わる方向と (b) な横波も伝わる．

[2] 角振動数 ω について正しい説明を選びなさい．

(a) 単位長さあたりの波の数（空間的繰り返しの数）
(b) 単位時間あたりの振動の数（時間的繰り返しの数）
(c) 長さ 2π あたりの波の数（空間的繰り返しの数）
(d) 時間 2π あたりの振動の数（時間的繰り返しの数）

[3] 縦波を図のように，横軸に媒質のもとの位置，縦軸に媒質の変位として表す（ここでは右向きの変位を正とする）．媒質が疎な部分を選びなさい．

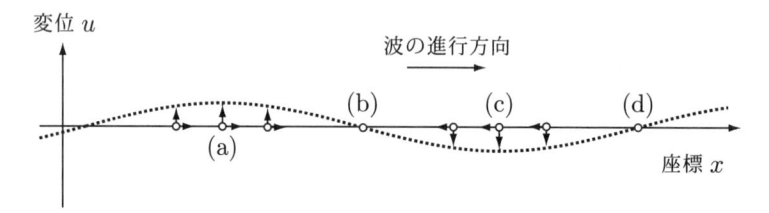

[4] 図はある時刻の弦の変位を表している．点 P での弦の変位の時間変化について正しい観測を選びなさい．

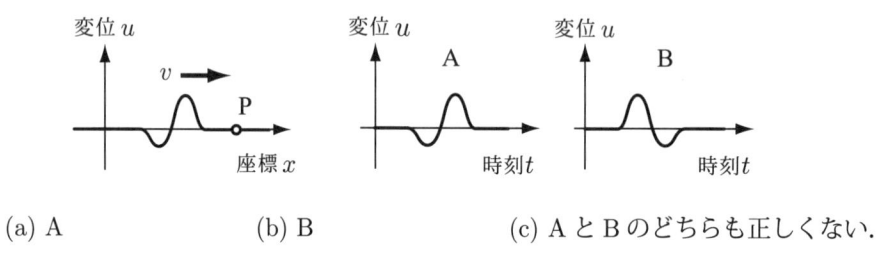

(a) A　　　　　　(b) B　　　　　　(c) A と B のどちらも正しくない．

問題 B

[1] x 軸上を正弦波が正の方向に伝わっている．$x=0$ の位置で変位の時間変化は $u(0,t) = A\sin(\omega t)$，また $x=1$ の位置での変位の時間変化は $u(1,t) = A\sin(\omega t)$ である．可能な正弦波を，位置 x と時刻 t の関数として表しなさい．

[2] 正弦波による変位 $u(x,t)$ が，位置 x と時刻 t の関数として $u(x,t) = A\sin\left(2\pi\dfrac{x}{\lambda} - 2\pi\dfrac{t}{T}\right)$ と表されている．以下の問に答えなさい．

(a) 観測者が位置 x_0 で静止して変位を観測するとき，観測される変位を時刻の関数として

表しなさい．

(b) 観測者の位置が $X = x_0 + Vt$ と速度 V で移動しながら変位を観測するとき，観測される変位を時刻の関数として表しなさい．

(c) 静止した観測者の観測する振動数を f，移動している観測者の観測する振動数を f' とするとき，$f' = (1 - V/v)f$ の関係が成り立つことを示しなさい．ここで，v は正弦波の進む速さである．

【参考】移動している観測者の振動数が変化する現象を**ドップラー効果**と呼ぶ．

問題 C

[1] 光速は 3.00×10^8 m/s である．赤色である He-Ne レーザーの波長 633 nm での光の振動数を求めなさい．

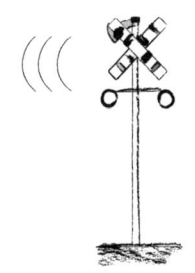

2.2 波動方程式とその性質

具体的な波が時間的・空間的にどのように表されるかの一例は式 (2.1) の正弦波である．その運動は次に示した**波動方程式**により決まる．

$$\frac{\partial^2 u}{\partial t^2} = v^2 \frac{\partial^2 u}{\partial x^2} \tag{2.5}$$

波動方程式は波の速さ v の正弦波も表すが，一般には f，g を任意の関数として

$$u(x, t) = f(x - vt) \tag{2.6}$$
$$u(x, t) = g(x + vt) \tag{2.7}$$

が解であり，速さ v で $+x$ 方向または $-x$ 方向に伝わる任意の波形の波を表す．この方程式の重要な性質は，$u_1(x, t)$ と $u_2(x, t)$ がそれぞれ方程式の解であるとき，2つの解の和 $u(x, t) = u_1(x, t) + u_2(x, t)$ も解となることである．この性質を**重ね合わせ**が成り立つという．

―――― 例題 2.2　波動方程式の解 ――――――――――――――――――――

f を任意の関数として $u(x, t) = f(x - vt)$ は，波動方程式の解であることを確かめなさい．

【解答例】
確認するためのひとつの方法は $u(x, t)$ を直接に波動方程式に代入することである．$X = x - vt$ と変数変換して方程式の左辺と右辺を計算すると

$$左辺：\quad \frac{\partial^2}{\partial t^2} f(x - vt) = \frac{\partial X}{\partial t} \frac{d}{dX} \left\{ \frac{\partial X}{\partial t} \frac{d}{dX} f(X) \right\} = v^2 \frac{d^2}{dX^2} f(X) \tag{2.8}$$

$$右辺：\quad v^2 \frac{\partial^2}{\partial x^2} f(x - vt) = v^2 \frac{\partial X}{\partial x} \frac{d}{dX} \left\{ \frac{\partial X}{\partial x} \frac{d}{dX} f(X) \right\} = v^2 \frac{d^2}{dX^2} f(X) \tag{2.9}$$

となり等号が成り立つことが分かる．したがって，$u(x, t) = f(x - vt)$ は解である．この式は図 2.1 に示すように，変位は形を変えずに x 軸の正の方向に速さ v で移動する．

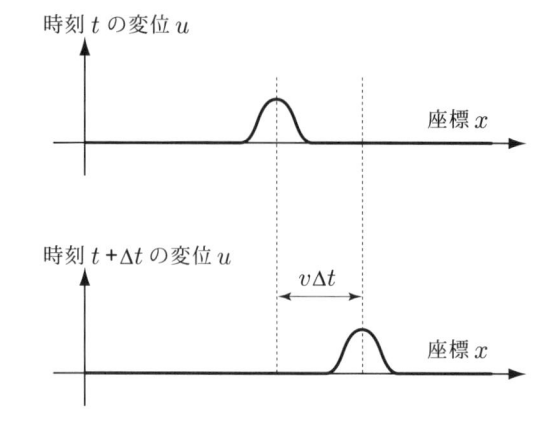

図 2.1　波動方程式の解の性質

問題 A

[1] 波動方程式 $\dfrac{\partial^2 u}{\partial t^2} = v^2 \dfrac{\partial^2 u}{\partial x^2}$ について正しい説明を選びなさい．
 (a) $+x$ 方向に速さ v で伝わる波の運動を表すことができる．
 (b) $-x$ 方向に速さ v で伝わる波を運動を表すことができる．
 (c) 横波の運動も縦波の運動も表すことができる．
 (d) 十分に時間が経過すると，波の振幅が小さくなることを表すことができる．

[2] 図の点 P で変位を観測するとき，観測される最大の変位について正しい説明を選びなさい．
 (a) 0
 (b) A
 (c) A より大きく $2A$ より小さい．
 (d) $2A$

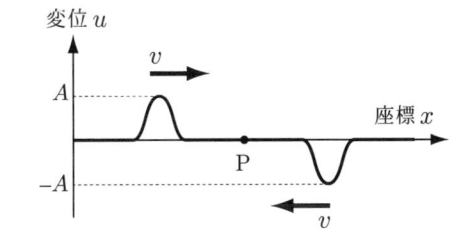

[3] 正弦波 $u(x,t) = A\sin(kx - \omega t + \phi)$ が波動方程式 $\dfrac{\partial^2 u}{\partial t^2} = v^2 \dfrac{\partial^2 u}{\partial x^2}$ に従って運動している．このときに成り立つ関係式を選びなさい．
 (a) $\omega = \dfrac{v}{k}$ 　　(b) $\omega = \dfrac{v^2}{k^2}$ 　　(c) $\omega = v\,k$ 　　(d) $\omega = v^2\,k^2$

[4] 波動方程式 $\dfrac{\partial^2 u}{\partial t^2} = v^2 \dfrac{\partial^2 u}{\partial x^2}$ の解である変位 $u(x,t)$ を選びなさい．ただし，A と B は正の定数である．
 (a) $u(x,t) = A\cos(x - vt)$ 　　(b) $u(x,t) = A\cos^2(x - vt)$
 (c) $u(x,t) = A\exp\{-B(x^2 - v t^2)\}$ 　　(d) $u(x,t) = A\exp\{-B(x - vt)^2\}$

問題 B

[1] 以下の文章の ___(a)___ から ___(d)___ に適切な数式を入れなさい．

弦を伝わる横波の波動方程式を求めよう．弦の変位を $y(x,t)$ とすると，位置 x での弦の加速度は ___(a)___ である．弦の微小部分 $x + \Delta x$ と x 間の質量は，弦の線密度を σ として，___(b)___ である．したがって，「質量」×「加速度」は (b)×(a) である．一方，弦の微小部分に作用する力の弦に垂直な成分は，張力を S として位置 x での大きさは $S \cdot \partial y(x,t)/\partial x$ であり，位置 $x + \Delta x$ での大きさは ___(c)___ である．したがって，弦を垂直な方向に動かす「力」は，___(d)___ となる．以上から，微小部分の運動方程式は (b)×(a)=(d) となる．ここで Δx を十分に小さいとすると

$$\dfrac{\partial^2 y(x,t)}{\partial t^2} = \dfrac{S}{\sigma} \dfrac{\partial^2 y(x,t)}{\partial x^2}$$

となり，波動方程式が得られる．

[2] 気体を伝わる音波の波動方程式は，気体の圧力を p，密度を ρ として

$$\frac{\partial^2 u(x,t)}{\partial t^2} = \frac{\gamma p}{\rho} \frac{\partial^2 u(x,t)}{\partial x^2}$$

である．ここで，γ は比熱比と呼ぶ定数である．n mol の気体の圧力と体積には状態方程式と呼ぶ関係式 $pV = nRT$ が成り立つ．ここで，T は絶対温度，R は気体定数である．以下の問に答えなさい．

(a) 温度が一定のとき，気体の音速 v は圧力によらないことを説明しなさい．

(b) 温度が ΔT 上昇するときの音速の変化の割合 $\Delta v/v$ を求めなさい．
 【参考】セ氏温度 t に対して，空気の音速は $v/\text{ms}^{-1} = 331.45 + 0.607\, t/°\text{C}$ と変化する．

問題 C

[1] 糸電話の音を伝える速さは，線密度 7.3×10^{-4} kg，張力 1-2 N の条件で 800-900 m/s と測定されている．糸電話の音を伝える波は縦波であるか，横波であるかを調べなさい．

2.3 波の運ぶエネルギー

波のエネルギーは，媒質の運動エネルギーと変形による位置エネルギーの2つの要素からなる．密度 ρ の媒質を伝わる振幅 A，角振動数 ω の正弦波の単位体積のエネルギーは

$$w = \frac{1}{2}A^2\omega^2\rho \tag{2.10}$$

である．この関係は，変位の速さの最大値は $A\omega$ となることより，単位長さあたり運動エネルギーの最大値が $\frac{1}{2}\rho A^2 \omega^2$ であること，運動エネルギーと変形による位置エネルギーが等しいことから理解できる．波が運ぶエネルギー I は，波の速さを v として

$$I = wv = \frac{1}{2}A^2\omega^2\rho v \tag{2.11}$$

である．

―――― 例題 2.3 音波の運ぶエネルギー ――――

空気中を伝わる振動数 f の音波の変位 A と音圧 Δp は

$$A = \frac{v}{2\pi\gamma f p_0}\Delta p \tag{2.12}$$

の関係がある．ここで，音速は $v = 347$ m/s (25 °C)，大気圧は $p_0 = 1.0 \times 10^5$ Pa であり，γ は比熱比と呼ぶ定数で 1.4 である．音の大きさ 60 dB（デシベル）は，音圧で 2×10^{-2} Pa と約束されている．振動数 440 Hz, 60 dB の音波の運ぶエネルギーを求めなさい．空気の密度は 1.2 kg/m^3 である．

【解答例】
振動数 440 Hz, 60 dB の音波の振幅は，式 (2.12) に数値を代入して

$$A = \frac{347 \text{ m/s}}{2 \times 3.14 \times 1.4 \times 440 \text{ Hz}} \times \frac{2 \times 10^{-2} \text{ Pa}}{1.0 \times 10^5 \text{ Pa}} = 1.8 \times 10^{-8} \text{ m} \tag{2.13}$$

である．音波の運ぶエネルギー I は式 (2.11) に代入して

$$\begin{aligned} I &= \frac{1}{2}(1.8 \times 10^{-8} \text{ m})^2 \times (2 \times 3.14 \times 440 \text{ Hz})^2 \times 1.18 \text{ kg/m}^3 \times 347 \text{ m/s} \\ &= 1.0 \times 10^{-6} \text{ W/m}^2 \end{aligned} \tag{2.14}$$

と求まる．ここで，音波の運ぶエネルギーは単位面積を単位時間あたりに通過するエネルギーであるので，式の単位を整理して W/m^2 となる．

―――――――――――――――――――――

問題 A

[1] 波の運ぶエネルギーについて正しい説明を選びなさい．

(a) 波の運ぶエネルギーは振幅が大きくなると大きくなる．

(b) 波の運ぶエネルギーは振動数が大きくなると大きくなる.
(c) 波があるときは，必ず波によってエネルギーが運ばれている.

[2] 弦を振動数 f, 振幅 A の正弦波が伝わっている．弦の張力を 4 倍にして，等しい振動数 f, 振幅 A の正弦波を伝える．波の運ぶエネルギーは何倍になるかを選びなさい．
   (a) 8 倍　　　　　(b) 4 倍　　　　　(c) 2 倍　　　　　(d) 変化しない．

[3] 弦を波長 λ, 振幅 A の正弦波が伝わっている．張力を 4 倍にして，等しい波長 λ, 振幅 A の正弦波を伝える．波の運ぶエネルギーは何倍になるかを選びなさい．
   (a) 8 倍　　　　　(b) 4 倍　　　　　(c) 2 倍　　　　　(d) 変化しない．

[4] 音の大きさ 60 dB, 振動数 440 Hz の音波の運ぶエネルギーは 1.0×10^{-6} W/m^2 である．音の大きさ 60 dB, 振動数 880 Hz の音波の運ぶエネルギーを選びなさい．
   (a) 0.5×10^{-6} W/m^2　　　　(b) 1.0×10^{-6} W/m^2
   (b) 2.0×10^{-6} W/m^2　　　　(d) 4.0×10^{-6} W/m^2

問題 B

[1] 1 点から 3 次元の空間に広がる波は，波の発生位置（波源）からの距離を r として，
$$u(r,t) = \frac{A}{r^n} \sin(kr - \omega t + \phi)$$
と表される．波の運ぶエネルギーを考えて，式の中の n を決めなさい．

[2] 以下の文章の (a) から (d) に適切な数式または語句を入れなさい．

弦を伝わる波のエネルギーを考えよう．弦の微小部分 Δx の力学的エネルギーは，(1) 質量 $\sigma \Delta x$ の (a) と (2) 弦を引き伸ばす力の位置エネルギーである．弦の変位を $u(x,t)$ と表すと (a) は
$$\frac{1}{2}\sigma \Delta x (\text{(b)})^2$$
である．張力 S により弦が $\Delta \ell$ だけ引き伸ばされたときに蓄えられる位置エネルギーは $S\Delta \ell$ である．弦の微小部分 Δx の伸びは $(\sqrt{1 + \{\partial u(x,t)/\partial x\}^2} - 1)\Delta x$ と表されることより，近似式 $(1+t)^\alpha \approx 1 + \alpha t$ を使って
$$\frac{1}{2}S\Delta x (\text{(c)})^2$$
である．したがって，時間あたり，波長あたりで平均した単位長さあたりのエネルギー w は
$$w = \frac{1}{2}\sigma \overline{\left(\frac{\partial u}{\partial t}\right)^2} + \frac{1}{2}S \overline{\left(\frac{\partial u}{\partial x}\right)^2}$$
となる．ここで $\overline{}$ は平均を表す．振幅 A, 角振動数 ω の正弦波の場合には $w =$ (d) となる．

2.4 基準振動と定常波

両端が固定された媒質全体が同一の振動数で振動するときには，限られた振動数だけが許される．例として，両端が固定された長さ ℓ の弦（範囲は $x=0$ から ℓ）の振動は

$$u(x, t) = A \sin\left(\sqrt{\frac{\sigma \omega^2}{S}}\, x\right) \cos(\omega t + \phi) \tag{2.15}$$

である．ここで，S は張力，σ は線密度である．したがって，許される振動数 f は次の式となる．

$$f = \frac{n}{2\ell}\sqrt{\frac{S}{\sigma}} \qquad \text{だたし，}\ n = 1, 2, 3, \cdots \tag{2.16}$$

これらの許された振動が**基準振動**である．特に，$n=1$ の振動を**基本波**，n が 2 以上の振動を**高調波**と呼ぶ．この振動は，振動が最大となる位置（**腹**）と振動しない位置（**節**）があり，それらの位置は時刻で移動しない．このような波を**定常波**と呼ぶ．

───── **例題 2.4　弦の基準振動** ─────

長さ 400 mm，直径 0.950 mm，密度 7.95 g/cm³ の鋼鉄線を 71 kg のおもりで張る．この弦の基本波の振動数を求めなさい．

【解答例】
弦の基本振動の式に数値を代入することで求められる．基本波の振動数 f は式 (2.16) で $n=1$ であること，重力加速度は 9.81 m/s² であることに注意して

$$f = \frac{1}{2 \times 0.400\ \text{m}} \sqrt{\frac{71\ \text{kg} \times 9.81\ \text{m/s}^2}{3.14 \times (4.75 \times 10^{-4}\ \text{m})^2 \times (7.95 \times 10^3\ \text{kg/m}^3)}} = 439\ \text{Hz} \tag{2.17}$$

と求められる．振動数 440 Hz がは「ラ（A）」音である．

問題 A

[1] 以下の文章の (a) から (d) に適切な数字または語句を入れなさい．

定常波は，等しい (a) と振幅を持つ 2 つの進行方向が逆向きの波を重ね合わせることで作られる．媒質の変位が大きいところが (b) ，変位が起こらないところが (c) である．(b) と (b)（または (c) と (c)）の間隔は，重ね合わせる前の波の波長の (d) 倍である．

[2] 定常波について正しい説明を選びなさい．
 (a) 定常波は移動しない波なので，波動方程式から導かれない．
 (b) 音波では定常波をつくることはできるが，光ではつくることはできない．
 (c) 定常波は横波でも縦波でもつくることができる．
 (d) 2 次元の円形の媒質でも定常波をつくることができる．

[3] 図は定常波の変位が最大となった状態である．この状態での位置 A の変位の速さについて正しい説明を選びなさい．

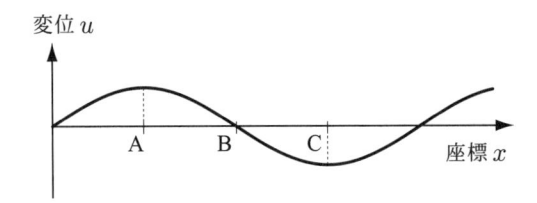

(a) 位置 B と C の両方に等しい． (b) 位置 B と等しく，位置 C と異なる．
(c) 位置 B と異なり，位置 C と等しい． (d) 位置 B と C の両方と異なる．

[4] 同じ材質でできた異なる直径の弦 A と弦 B を，等しい長さと張力で張る．弦 A の直径が弦 B の 2 倍であるとき，弦 B と比較して弦 A の基本波の振動数は何倍になるかを選びなさい．
(a) 2 倍 (b) $\sqrt{2}$ 倍 (c) $1/\sqrt{2}$ 倍 (d) $1/2$ 倍

問題 B

[1] 2 つの逆向きに運動する波長の等しい正弦波の重ね合わせによって定常波が作られる．次の定常波の節の位置を求めなさい．

$$u(x, t) = A\sin\left(2\pi\frac{x}{\lambda} - 2\pi\frac{t}{T}\right) + A\sin\left(2\pi\frac{x}{\lambda} + 2\pi\frac{t}{T} + \phi\right)$$

[2] 以下の文章の __(a)__ から __(f)__ に適切な数式または語句を入れなさい．

両端が固定された張力 S，線密度 σ，長さ ℓ の弦（弦の範囲は $x = 0$ から ℓ）の定常波の振動数を考えよう．弦全体が同一の角振動数 ω で振動する条件から変位を位置の関数 $g(x)$ と時刻の関数 $\cos(\omega t)$ に分けて $u(x, t) = $ __(a)__ と表すことができる．この式を，波動方程式

$$\frac{\partial^2 u(x,t)}{\partial t^2} = \frac{S}{\sigma}\frac{\partial^2 u(x,t)}{\partial x^2}$$

に代入することで，$-\omega^2 g(x) = $ __(b)__ となる．この式の一般解は，

$$g(x) = A\underline{\quad(c)\quad} + B\underline{\quad(d)\quad}$$

である．$x = 0$ と ℓ で $g(0) = g(\ell) = $ __(e)__ の条件から，$(\sqrt{\sigma\omega^2/S})\ell = \pi n$，ただし，$n = $ __(f)__ となり，許される振動数に書き直すと

$$f = \frac{n}{2\ell}\sqrt{\frac{S}{\sigma}} \qquad \text{ただし，} n = (f)$$

となる．

2.5 波の反射と透過

2種類の媒質の境界に入射した波は，一部が反射波となり，一部が透過波となる．例として，x軸の負の方向から $x = 0$ の境界に入射する正弦波の音波について説明する．$x < 0$ では材料の密度を ρ_1，音速を v_1，$x > 0$ では密度を ρ_2，音速を v_2 とする．入射波の振幅 A，反射波の振幅 B，透過波の振幅を C とすると波の変位は

$$u(x, t) = A\sin(k_1 x - \omega t) + B\sin(k_1 x + \omega t) \quad (x < 0) \tag{2.18}$$
$$= C\sin(k_2 x - \omega t) \quad (x > 0) \tag{2.19}$$

と表される．また $x = 0$ の境界では，(1) 変位が連続，(2) 面積あたりの力が連続の条件から

$$\frac{B}{A} = \frac{\rho_1 v_1 - \rho_2 v_2}{\rho_1 v_1 + \rho_2 v_2} \tag{2.20}$$

$$\frac{C}{A} = \frac{2\rho_1 v_1}{\rho_1 v_1 + \rho_2 v_2} \tag{2.21}$$

が得られる．

密度と音速の積 ρv は波の伝わり方を決めるパラメーターであり**音響インピーダンス**と呼ぶ．2つの材料が異なっても音響インピーダンスが同じであれば，波の反射が起こらない．また音響インピーダンスが小さい材料から大きい材料に波が入射するとき（$\rho_1 v_1 < \rho_2 v_2$）の反射は固定端と同じく波の位相が π（rad）変化する．大きい材料から小さい材料（$\rho_1 v_1 > \rho_2 v_2$）の反射は自由端と同じく波の位相は変化しない．

例題 2.4　空気から水中への音波の透過

空気から水中へ垂直に音波を透過させるとき，水中と空気（入射波）の音波の振幅と波の運ぶエネルギーを比較しなさい．ただし，25 °C で空気の密度と音速は，1.18 kg/m³, 347 m/s, 水の密度と音速は，1.00×10^3 kg/m³, 1.50×10^3 m/s である．

【解答例】
振幅比を表す式 (2.21) に数値を代入することで求められる．

$$\frac{C}{A} = \frac{2 \times 1.18 \text{ kg/m}^3 \times 347 \text{ m/s}}{1.18 \text{ kg/m}^3 \times 347 \text{ m/s} + (1.00 \times 10^3 \text{ kg/m}^3) \times (1.50 \times 10^3 \text{ m/s})} = 5.46 \times 10^{-4} \tag{2.22}$$

また，波の運ぶエネルギーは式 (2.11) で与えられるので，空気と水の密度と音速に添え字 A と W をつけて表すと，水中と空気（入射波）の音波のエネルギーの比（透過率）T は，

$$T = \frac{\rho_W v_W}{\rho_A v_A}\left(\frac{C}{A}\right)^2 \tag{2.23}$$

である．数値を代入して，$T = 1.09 \times 10^{-3}$ となる．

問題 A

[1] 以下の文章の (a) から (c) に適切な数式または語句を入れなさい．

図のような変位 A の波が媒質の端点まで進むと反射する．端点の媒質が動かない固定端では反射波の変位は $-A$ となる．一方，端点の媒質が自由に動くことができる (a) では反射波の変位は (b) である．また，(a) では端点での最大の変位は (c) となる．

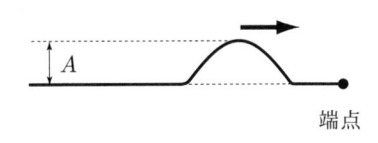

[2] $x<0$ の領域から入射した正弦波 $u(x,t) = A\sin\left(2\pi\dfrac{x}{\lambda} - 2\pi\dfrac{t}{T}\right)$ が $x=0$ の位置の固定端で反射される．反射された波を表す式を選びなさい．

(a) $u_r(x,t) = A\sin\left(2\pi\dfrac{x}{\lambda} - 2\pi\dfrac{t}{T}\right)$ 　　(b) $u_r(x,t) = -A\sin\left(2\pi\dfrac{x}{\lambda} - 2\pi\dfrac{t}{T}\right)$

(c) $u_r(x,t) = A\sin\left(2\pi\dfrac{x}{\lambda} + 2\pi\dfrac{t}{T}\right)$ 　　(d) $u_r(x,t) = -A\sin\left(2\pi\dfrac{x}{\lambda} + 2\pi\dfrac{t}{T}\right)$

[3] $x<0$ の領域から入射した正弦波 $u(x,t) = A\sin\left(2\pi\dfrac{x}{\lambda} - 2\pi\dfrac{t}{T}\right)$ が $x=\ell$ の位置の自由端で反射される．反射された波を表す式を選びなさい．

(a) $u_r(x,t) = A\sin\left(2\pi\dfrac{2\ell-x}{\lambda} - 2\pi\dfrac{t}{T}\right)$ 　　(b) $u_r(x,t) = A\sin\left(2\pi\dfrac{x-2\ell}{\lambda} - 2\pi\dfrac{t}{T}\right)$

(c) $u_r(x,t) = A\sin\left(2\pi\dfrac{2\ell-x}{\lambda} + 2\pi\dfrac{t}{T}\right)$ 　　(d) $u_r(x,t) = A\sin\left(2\pi\dfrac{x-2\ell}{\lambda} + 2\pi\dfrac{t}{T}\right)$

[4] 波の反射と透過について正しい説明を選びなさい．

(a) 反射波と透過波の振幅の絶対値の和は，入射波に等しい．
(b) 反射波と透過波の運ぶエネルギーの和は，入射波に等しい．
(c) 反射波と透過波の単位長さあたりのエネルギーの和は，入射波に等しい．

問題 B

[1] $x<0$ の領域から入射した正弦波 $u(x,t) = A\sin\left(2\pi\dfrac{x}{\lambda} - 2\pi\dfrac{t}{T}\right)$ が $x=0$ の位置の自由端で反射され，入射波と反射波により定常波ができる．以下の問に答えなさい．

(a) 反射波を時刻 t と位置 x の関数として表しなさい．
(b) 定常波の最大の変位を求めなさい．
(c) 定常波の節の位置を求めなさい．

[2] 以下の文章の (a) から (e) に適切な数式を入れなさい．

密度 ρ，ヤング率 E の材料を伝わる縦波の波動方程式は

$$\frac{\partial^2 u(x,t)}{\partial t^2} = \frac{E}{\rho}\frac{\partial^2 u(x,t)}{\partial x^2}$$

2.5 波の反射と透過

である．2つの材料（ρ_1, E_1 と ρ_2, E_2）の境界で入射波は，一部が反射波となり，一部が透過波となる．境界が $x=0$ にあるとき，x の負の方向から振幅 A の波が入射し，反射波の振幅が B，透過波の振幅を C するとき，

$$u(x, t) = A\sin(k_1 x - \omega t) + B \underline{\quad(a)\quad} \qquad (x < 0)$$
$$= C\sin(k_2 x - \underline{\quad(b)\quad}) \qquad\qquad (x > 0)$$

である．$x=0$ の境界では，次の条件が成り立つ．

1) 変位が連続 　　　　$\lim_{x \to -0} u(x, t) = \lim_{x \to +0} \underline{\quad(c)\quad}$

2) 面積あたりの力が連続 　$\lim_{x \to -0} E_1 \dfrac{\partial u}{\partial x} = \lim_{x \to +0} E_2 \dfrac{\partial u}{\partial x}$

ここで，反射の振幅比 B/A および透過の振幅比 C/A は，音速と密度とヤング率の関係 $v = \underline{\quad(d)\quad}$ を使うことで

$$\frac{B}{A} = \frac{\rho_1 v_1 - \rho_2 v_2}{\rho_1 v_1 + \rho_2 v_2}$$
$$\frac{C}{A} = \underline{\quad(e)\quad}$$

と得られる．

問題 C

[1] 材料に垂直に光が入射するとき，入射波と反射波の振幅比は，多くの材料では式 (2.20) および式 (2.21) の音響インピーダンスを屈折率 n に入れ替えた式となる．空気の屈折率は 1.00，ガラスの屈折率を 1.52 として，以下の問に答えなさい．

(a) 入射波と反射波の振幅比を求めなさい．
(b) 入射波と反射波の強度は振幅の 2 乗に比例する．入射波と反射波の強度の比である反射率を求めなさい．

2.6 平面波と球面波

2次元平面，3次元空間の媒質の中を伝わる波では，その位相が一定の面を**波面**と呼ぶ．波面が平面である波が**平面波**である．3次元空間では x 方向，y 方向と z 方向ごとに波数（の成分）を決めることで，任意の方向に進む平面波を表すことができる．波数の成分を (k_x, k_y, k_z) とすると平面波は次の式となる．

$$u(x, y, z, t) = A\sin(k_x x + k_y y + k_z z - \omega t - \phi) \tag{2.24}$$

ここで，ベクトル $\vec{k} = (k_x, k_y, k_z)$ を**波数ベクトル**と呼ぶ．位置ベクトルを $\vec{r} = (x, y, z)$ として式 (2.24) は

$$u(\vec{r}, t) = A\sin(\vec{k} \cdot \vec{r} - \omega t - \phi) \tag{2.25}$$

と書き直すことができる．波面は $\vec{k} \cdot \vec{r} =$ 一定 の条件より波数ベクトルに垂直な平面である．波面を一定の位相の間隔ごとに並べると等間隔に並ぶ．平面波の速さ v は波面の移動する速さであり，波数ベクトルの大きさ k，角振動数 ω と

$$\omega^2 = v^2(k_x^2 + k_y^2 + k_z^2) = v^2 k^2 \tag{2.26}$$

の関係がある．これらは「波数ベクトル $\vec{k}$，角振動数 ω の平面波は，波数ベクトル $\vec{k}$ の方向に速さ $v = \omega/k$ で進む」とまとめられる．また，波長 λ は，波数ベクトルの大きさと $\lambda = 2\pi/k$ の関係で結びつけられている．

3次元空間では空間の一点（波源）から生じた波が球面状に広がる現象も観測される．このような波を**球面波**と呼び，波源を座標の原点とすると（$r = 0$ を除いて）

$$u(r, t) = \frac{A}{r} \sin(kr - \omega t + \phi) \tag{2.27}$$

となる．この式は，波源から離れると波の振幅が距離に逆比例して小さくなることを表す．

―――― **例題 2.6　平面波の波数ベクトルと波長の関係** ――――

2次元の平面波 $u(x, y, t) = A\sin(k_x x + k_y y - \omega t - \phi)$ の波長を求めなさい．

【解答例】

波長は，位相が 2π（rad）異なる波面（$k_x x + k_y y =$（一定））の間隔である．その間隔は，波面に垂直なベクトルを $\Delta\vec{R} = (\Delta x, \Delta y)$ として，$k_x \Delta x + k_y \Delta y = 2\pi$ の条件より求められる．波面に垂直なベクトルは波数ベクトルの方向であり，$\Delta\vec{R} = \alpha(k_x, k_y)$ として，

$$\alpha = \frac{2\pi}{k_x^2 + k_y^2} \tag{2.28}$$

が得られる．したがって，ベクトル $(\Delta x, \Delta y)$ の大きさである波長は次の式となる．

$$\lambda = \frac{2\pi}{\sqrt{k_x^2 + k_y^2}} \tag{2.29}$$

問 題 A

[1] 平面波と球面波について正しい説明を選びなさい．
   (a) 球面波の波の進む方向は，平面波と同じく波面に垂直である．
   (b) 球面波の波の進む速さは，同じ媒質でも平面波より遅い．
   (c) 球面波と平面波では波動方程式が異なる．
   (d) 球面波でも，波数ベクトルの大きさと波長の関係 $k = 2\pi/\lambda$ が成り立つ．

[2] 平面波 $u(x, y, z, t) = A\sin(\sqrt{3}x + y - \omega t)$ の進む方向を選びなさい．
   (a) x 軸正方向より y 軸方向へ 30° 方向   (b) x 軸正方向より y 軸方向へ $-30°$ 方向
   (c) x 軸負方向より y 軸方向へ 30° 方向   (d) x 軸負方向より y 軸方向へ $-30°$ 方向

[3] 距離の単位を m（メートル），時間の単位を s（秒）として，平面波が $u(x, y, z, t) = A\sin(2.0\,x + 2.0\,y - 3.0\,t)$ と表されるとき，その波長を選びなさい．
   (a) 1.1 m   (b) 1.6 m   (c) 2.2 m   (d) 3.1 m

[4] 距離の単位を m（メートル），時間の単位を s（秒）として，平面波が $u(x, y, z, t) = A\sin(2.0\,x + 2.0\,y - 3.0\,t)$ と表されるとき，波の速さを選びなさい．
   (a) 1.1 m/s   (b) 1.6 m/s   (c) 2.2 m/s   (d) 3.1 m/s

問 題 B

[1] xy 平面上に x 方向に伝わる平面波 $u_1(x, y, t) = A\sin(kx - \omega t)$ と y 方向に伝わる平面波 $u_2(x, y, t) = A\sin(ky - \omega t)$ があり，これら2つの波によって定常波が作られる．以下の問に答えなさい．
   (a) 定常波の1つの腹の位置が，$y = x$ の直線上にあることを示しなさい．
   (b) 定常波の腹の間隔を求めなさい．

[2] 以下の文章の (a) から (d) に適切な数式または語句を入れなさい．
   図のように $x = 0$ の境界面に $x < 0$ の方向から斜めに入射する平面波の屈折を考えよう．このときの媒質の変位は

$$u(x, y, t) = A\sin(k_{x1}\,x + k_{y1}\,y - \omega t) + B\sin(-k_{x1}\,x + k_{y1}\,y - \omega t) \quad (x < 0)$$
$$= C\sin(k_{x2}\,x + k_{y2}\,y - \omega t) \quad (x > 0)$$

と表される．$x < 0$ の第1項が (a) 波，第2項が (b) 波であり，$x > 0$ が透過波である．境界での条件は変位が連続であることより，

$$\lim_{x \to -0} u(x, y, t) = \lim_{x \to +0} u(x, y, t)$$

となる．境界面のいかなる位置 y でも等式が成り立つ条件から，$k_{y1} = $ __(c)__ である．
ここで入射角 θ_i と屈折角 θ_t は

$$\sin\theta_i = \frac{k_{y1}}{\sqrt{k_{x1}^2 + k_{y1}^2}},$$

$$\sin\theta_t = \frac{k_{y2}}{\sqrt{k_{x2}^2 + k_{y2}^2}}$$

と波数ベクトルの成分を使って表すことができる．波の速さは $v = \omega/k$ であることより，

$$\underline{} = \frac{v_1}{v_2}$$

となる．これは屈折の法則である．

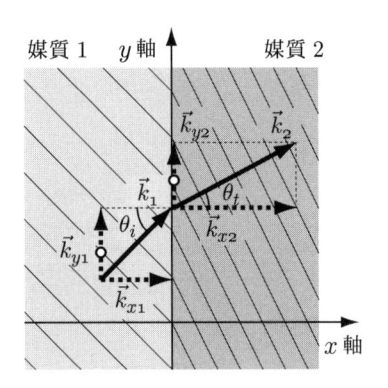

問題 C

[1] 東京タワーにある NHK 芝放送所は半径 100 km 圏内にテレビ放送を送り，地上波デジタル放送の出力は 10 kW（2010 年）である．アンテナから等方的に電磁波のエネルギーが伝わっているとして，放送所から 50 km 離れた地点での単位時間に単位面積を通過する電磁波のエネルギーを求めなさい．

3. 熱　学

3.1 温度と状態方程式

　安定した環境の中で十分に時間がたつと物体全体が一様な状態になり，この状態を**熱平衡状態**と呼ぶ．この熱平衡状態の熱さや冷たさの感覚を定量的に表した量が**温度**である．熱平衡状態には，次の法則が成り立つことが経験的に知られている．

> **熱力学の第0法則**：物体 A と物体 B を接触させたときに，それぞれの状態の変化が起こらない熱平衡状態であり，物体 B と物体 C も同様な熱平衡状態にあるとき，物体 A と物体 C は熱平衡状態にある．

熱力学の第0法則を考えることで温度計を用いて物体の温度を測定できる．温度の基準は水の三重点とする．三重点は気相・液相・固相が共存する状態で，水ではセ氏温度で 0.01 ℃，圧力 611 Pa である．温度 T は，圧力が十分に低い気体を利用して圧力 p と体積 V から

$$T = \frac{pV}{nR} \tag{3.1}$$

と定めて**絶対温度**とする．ここで，n は気体のモル数，R は気体定数 8.31451 J·K^{-1}·mol^{-1} である．絶対温度は SI 基本単位の1つであり K と表し，**ケルビン**と読む．また，どのような圧力，体積，温度でも式 (3.1) が厳密に成り立つ（仮想的な）気体を**理想気体**と呼ぶ．なお，日常的に利用されるセ氏温度 t と絶対温度 T には，

$$T/\mathrm{K} = t/\mathrm{°C} + 273.15 \tag{3.2}$$

の関係が成り立つ．

　気体の体積は，圧力と温度により決まる．一般に，熱平衡状態で定まる量の間にある関係が成り立つ．体積，圧力や温度などの熱平衡状態で定まる量を**状態量**と呼び，それら状態量の間に成り立つ関係式を**状態方程式**と呼ぶ．

――― **例題 3.1　理想気体の熱膨張率と体積圧縮率** ―――

理想気体の熱膨張率と体積圧縮率を求めなさい．

【解答例】
熱膨張率 β は，圧力一定のもとでの単位温度上昇あたりの体積変化の割合と約束されるので，

$$\beta = \frac{1}{V}\left(\frac{\partial V}{\partial T}\right)_p = \frac{nR}{pV} = \frac{1}{T} \tag{3.3}$$

となる.第1番目の等号は熱膨張率の式であり,第2番目の等号は $V = nRT/p$ より計算した.同様に,温度一定のもとでの単位圧力上昇あたりの体積変化の割合と約束される(等温)体積圧縮率 κ は次となる.ここで,式の負符号は体積圧縮率が正の値となるために付けた.

$$\kappa = -\frac{1}{V}\left(\frac{\partial V}{\partial p}\right)_T = \frac{nRT}{p^2 V} = \frac{1}{p} \tag{3.4}$$

問題 A

[1] 以下の文章の (a) から (c) に適切な数字または語句を入れなさい.

圧力と温度が等しければ同一体積中の気体の分子数は気体の種類によらずほぼ等しい.これを (a) の法則という.1種類の分子がアボガドロ定数 $N_A =$ (b) の値に等しい数の分子を含む場合,その物質量を 1 mol (モル) と呼ぶ.このアボガドロ定数は,質量数 (c) の炭素原子 0.012 kg の中に含まれる炭素原子数に等しい数とする.

[2] 圧力が一定のもとで,25 °C の理想気体を 50 °C に暖めた.気体の体積はおよそ何倍となるかを選びなさい.

(a) 2.00 倍　　　(b) 1.52 倍　　　(c) 1.16 倍　　　(d) 1.08 倍

[3] 図は,ある物質の状態を横軸を温度,縦軸を圧力として表し.図中の実線は状態の境界を示している.A での物質の状態を選びなさい.

(a) 固体
(b) 液体
(c) 気体

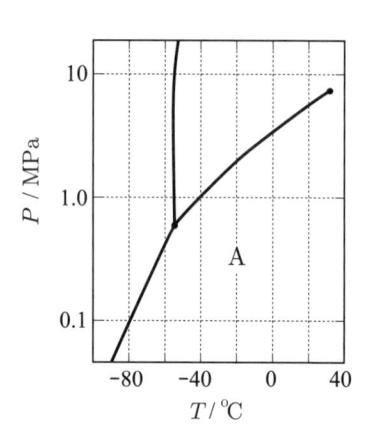

[4] 温度が一定のもとで気体を圧縮すると液体に変化した.横軸に圧力,縦軸に体積として示した変化について,正しい振る舞いを選びなさい.

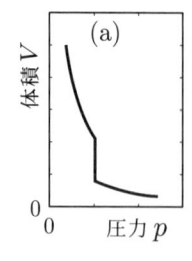

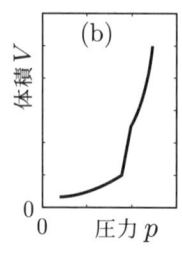

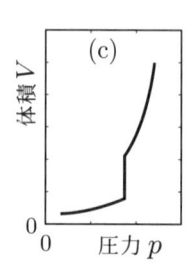

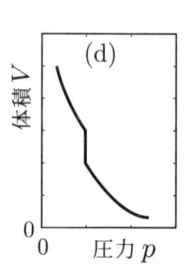

問題 B

[1] 以下の文章の (a) から (d) に適切な数式を入れなさい．

状態方程式から材料の状態を変えたときの変化を調べよう．体積 V が温度 T と圧力 p の関数とする．温度を dT，圧力を dp だけ変化させるときの体積変化は

$$dV = \left(\frac{\partial V}{\partial T}\right)_p \underline{\quad(a)\quad} + \underline{\quad(b)\quad} dp$$

である．熱膨張率 β と体積圧縮率 κ で書き直すと $dV = \underline{\quad(c)\quad}$ となる．この式から左辺を 0 とすることで，体積を一定の条件で温度を dT だけ変化させるときの圧力変化 dp が求められる．β と κ を使って

$$dp = \underline{\quad(d)\quad} dT$$

となる．

[2] 状態方程式を理想気体から実在の気体に近づけるこころみとして，1873 年にファン・デル・ワールスは（1 mol の気体について）a と b を定数とする次の状態方程式を提案した．

$$\left(p + \frac{a}{V^2}\right)(V - b) = RT$$

この方程式で温度 T が一定のとき，圧力 p と体積 V の関係は図のようになる．以下の問に答えなさい．

(a) 気体の体積が十分に大きいときは，理想気体の状態方程式になることを説明しなさい．
(b) 図の点 A は，体積を変化させても圧力が変化しない状態で体積圧縮率が無限大である．その温度 T_c，圧力 p_c，体積 V_c を a と b を使って表しなさい．
【参考】実在の気体では，液体と気体の区別がなくなる温度で体積圧縮率が無限大となり，気体－液体臨界点と呼ばれる．

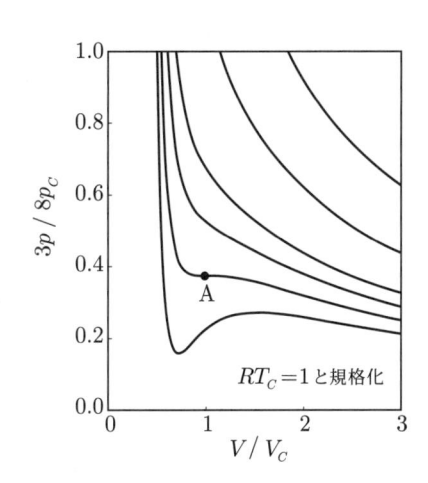

問題 C

[1] 太陽の中心部の圧力は 2.5×10^{11} 気圧，1.5×10^7 K である．中心部は（電離した）水素原子のガスであり理想気体の状態方程式が成り立つとして密度を求めなさい．

3.2 熱力学の第1法則

力学的な仕事が熱に変わるときの割合は一定であり，また熱から仕事に変わるときの割合とも等しい．物体に与えた仕事や熱は物体の**内部エネルギー**として蓄えられる．対象とする物体や装置などを**系**（**体系**）と呼び，この内容は次のようにまとめられる．

> **熱力学の第1法則**：系が外部から受ける仕事を W^{in}，外部から受け取る熱量を Q^{in} とすると，その和は内部エネルギーの変化量 ΔU に等しい．

この法則を式で表すと次のように表される．

$$\Delta U = Q^{\text{in}} + W^{\text{in}} \tag{3.5}$$

これは，力学的な仕事と熱を併せて考えると力学的エネルギーの保存則の制限が外れて，**エネルギーの保存則**がつねに成り立つことを意味する．熱は仕事と同じく系にエネルギーを運ぶ1つの方法であり，熱の単位は仕事と同じく J（ジュール）を使う．

--- **例題 3.2　真空中への膨張による内部エネルギーの変化** ---

気体を閉じ込めた容器 A を真空の容器 B につなぎ，その間のバルブを開ける．このとき気体の内部エネルギーは変化するか答えなさい．

【解答例】
真空中への気体の膨張では気体は外部に仕事をしない．したがって，気体の内部エネルギーは変化しない．

問 題 A

[1] 以下の文章の (a) と (b) に適切な人名と数字を入れなさい．

1844 年，(a) は空気を圧縮すると発熱し，また外部に仕事をすると冷却することを測定して，この2つの場合に熱と仕事の変換の割合は同じであることを見いだした．さらに，1845 年からの液体中で羽根車を回転させる実験で，力学的な仕事は一定の割合で熱に変わることを確かめている．1 g の水を 1 ℃ 上昇させる熱量は (b) J であり，熱の仕事等量と呼ぶ．

[2] 10 kg の鉄のボールを 5 階まで運ぶとき，鉄のボールの内部エネルギーはどのように変化するかについて，正しい説明を選びなさい．
 (a) 増加する．　　　 (b) 減少する．　　　 (c) 変化しない．
 (d) 問題文の条件からでは決まらない．

[3] 気体をピストンのついたシリンダーに入れる．気体は，はじめの圧力 p，体積 V_A の状態から圧力 p，体積 V_B の状態に変化した．気体が外部から受ける仕事 W を選びなさい．

(a) $p(V_A - V_B)$ (b) $-p(V_A - V_B)$ (c) 問題文の条件では決まらない．

[4] 体積 1 リットル（L）の気体を圧力を 1 気圧に保ちながら 2 L に膨張させた．気体が外部にした仕事のおよその値を選びなさい．

(a) 1 J   (b) 10 J   (c) 100 J   (c) 10^3 J

問題 B

[1] 以下の文章の (a) から (f) に適切な数式を入れなさい．

単原子理想気体の気体分子運動論を考えよう．一辺 ℓ の立方体に N 個の質量 m の分子が速さ v で運動している．x 方向に運動する 1 つの分子が 1 つの壁に弾性衝突するとき，衝突による運動量の変化は (a) ，衝突の時間間隔は (b) であり，壁に与える平均の力は (c) となる．N 個の分子の $1/3$ が x 方向に運動すること，壁の面積は $\ell \times \ell$ であることより，圧力は，

$$p = \underline{\quad (d) \quad}$$

である．一方，気体の内部エネルギーは分子の運動エネルギーの和と考えられる．分子数を N，アボガドロ数を N_A とした理想気体の状態方程式 (e) と求めた圧力の式から，内部エネルギーを温度 T を使って表すと

$$U = \frac{1}{2} N m v^2 = \underline{\quad (f) \quad}$$

となる．

[2] 液体表面には，その面積を小さくするように表面張力が作用する．表面張力の大きさ γ は表面の単位長さあたりに作用する力と約束される．一定の温度で表面の面積を ΔA だけ増加させるとき，外部から表面にする仕事 ΔW^{in} を求めなさい．

3.3 熱容量

物体に熱を与えると温度が上昇する．ある系が熱量 $d'Q^{\mathrm{in}}$ の熱を受け取り，温度が dT だけ上昇するとき，単位温度の上昇あたりに必要な熱量

$$C = \frac{d'Q^{\mathrm{in}}}{dT} \tag{3.6}$$

を**熱容量**と呼ぶ（ここで，微小な熱量を表す記号 $d'Q^{\mathrm{in}}$ の $'$ は，熱量が熱平衡で値が定まる温度，体積等の状態量でなく，状態の変化によって定まる量であることを区別してつけた）．また，一様な材料からなる系において単位質量あたりの熱容量を**比熱容量（比熱）**，材料を構成する粒子数 1 mol あたりの熱容量を**モル熱容量（モル比熱）**と呼ぶ．一般に熱容量は測定の条件により異なる．一定の体積のもとでは**定積熱容量**，一定の圧力のもとでは**定圧熱容量**と呼び区別する．

定積熱容量 C_V は，熱力学の第 1 法則より

$$C_V = \left(\frac{d'Q^{\mathrm{in}}}{dT}\right)_V = \left(\frac{\partial U}{\partial T}\right)_V \tag{3.7}$$

となり，一定の体積のもとでの内部エネルギーの温度変化である．一方，定圧熱容量 C_p は

$$C_p = C_V + \left\{\left(\frac{\partial U}{\partial V}\right)_T + p\right\}\left(\frac{\partial V}{\partial T}\right)_p \tag{3.8}$$

となる．ここで，第 2 項の因子 $(\partial V/\partial T)_p$ は状態方程式から計算できる．2 つの熱容量は，それぞれ独立に決まるものではなく，内部エネルギーの関係式と状態方程式により結びつけられる．

理想気体は，状態方程式 $pV = nRT$ に従う気体であると約束したが，この性質に加えて「内部エネルギーが圧力によらず温度のみの関数である」との**内部エネルギーの関係式**の条件を加える．このとき，温度変化 dT での n mol の理想気体の内部エネルギーの変化は，1 mol あたりの定積熱容量 (定積モル熱容量)c_V を使って

$$dU = nc_V\, dT \tag{3.9}$$

となる．希ガス気体をモデルとした単原子分子理想気体では $c_V = 3R/2$ である．

───── **例題 3.3　理想気体の定積モル熱容量と定圧モル熱容量の関係** ─────

理想気体の定積モル熱容量と定圧モル熱容量の関係を求めなさい．

【解答例】

定積モル熱容量と定圧モル熱容量は，内部エネルギーの関係式と状態方程式で結びつけられる．理想気体では内部エネルギーは温度のみの関数であり，$(\partial U/\partial V)_T = 0$ である．したがって

$$c_p = c_V + p\left(\frac{\partial V}{\partial T}\right)_p = c_V + R \tag{3.10}$$

となる．ここで，理想気体の状態方程式より $(\partial V/\partial T)_p = R/p$ を使った．

問題 A

[1] 熱容量と比熱容量について正しい説明を選びなさい.

(a) 熱容量はどのような条件でも負になることはない.
(b) 熱容量はどのような条件でも無限大になることはない.
(c) 理想気体の定積モル熱容量は，どのような条件でも定圧モル熱容量より小さい.
(d) 理想気体の定積モル熱容量は，気体定数を R としてどのような条件でも $3R/2$ である.

[2] 1 mol の同種分子からなる 2 つの理想気体，温度 10 °C，10 気圧と温度 40 °C，30 気圧，を混合する．体積は混合前の体積の和に等しいとき，混合後の温度を選びなさい.

(a) 15 °C (b) 20 °C (c) 25 °C (d) 30 °C

[3] 2 つの容器に等しい体積と圧力の 1 mol の同種分子からなる理想気体を入れて，一方は体積を一定に，他方は圧力を一定に保って等しい熱量を加える．気体の温度について正しい説明を選びなさい.

(a) 体積を一定に保った気体の温度が高い． (b) 圧力を一定に保った気体の温度が高い.
(c) 2 つの気体の温度は等しい．   (d) 問題文の条件からでは決まらない.

[4] ある物質の定積熱容量は，絶対温度を T として $C = AT^3$（ここで，A は定数）である．内部エネルギー U を選びなさい.

(a) $3AT^2$ (b) AT^3 (c) $\frac{1}{4}AT^4$

問題 B

[1] 以下の文章の (a) から (g) に適切な数式または語句を入れなさい.

定圧熱容量と定積熱容量の関係を調べよう．一定の圧力 p のもとで体積を dV だけ増加させるとき，系が外部から受け取る熱量 $d'Q^{\text{in}}$ は，(a) 法則より，

$$d'Q^{\text{in}} = \underline{\text{(b)}} + dU$$

である．また，内部エネルギーは体積と温度の関数であり，温度が dT，圧力が dp だけ変化したとき

$$dU = \left(\frac{\partial U}{\partial T}\right)_V \underline{\text{(c)}} + \underline{\text{(d)}} \, dV$$

である．これらの式から

$$d'Q^{\text{in}} = \underline{\text{(e)}} \, dT + \underline{\text{(f)}} \, dV$$

が得られる．この式の熱量 $d'Q^{\text{in}}$ は一定の圧力 p のもとである．両辺を dT で割ることで左辺は定積熱容量となる．さらに，$C_V = (\partial U/\partial T)_V$ を使って，次の関係が得られる.

$$C_p = C_V + \underline{\text{(g)}}$$

[2] 系の状態が圧力 p, 体積 V, 内部エネルギー U のとき，エンタルピーと呼ぶ量 $H = U + pV$ を約束する．定圧熱容量は $C_p = (\partial H/\partial T)_p$ で与えられることを説明しなさい．

問題 C

[1] 那智滝の落差は 133 m である．この落差による水の落下による水温の上昇を見積もりなさい．水の比熱容量は 4.2×10^3 J·K^{-1}·kg^{-1} である．

3.4 等温過程と断熱過程

気体を容器に閉じ込めてピストンを十分にゆっくり変化させる場合には，その変化の途中でも圧力や温度を定めることができる．このような状態変化を**準静的過程**と呼ぶ．準静的変化では，内部エネルギーの関係式と状態方程式から状態変化での熱量と仕事を求めることができる．理想気体を準静的に変化させる**等温過程**と**断熱過程**での状態変化と熱量と仕事は，それぞれ以下となる．

等温過程

一定の温度 T_0 の条件で，体積を V_i から V_f まで準静的に変化させる．この過程で体積と圧力の関係は次の式となる．

$$pV = nRT_0 \ (一定) \tag{3.11}$$

また，気体が外部から受ける仕事と気体が外部から受け取る熱量は次の式となる．

$$W^{\text{in}} = -nRT_0 \ln \frac{V_f}{V_i} \tag{3.12}$$

$$Q^{\text{in}} = \ nRT_0 \ln \frac{V_f}{V_i} \tag{3.13}$$

断熱過程

熱の出入りのない条件で，温度，体積，圧力が (T_i, V_i, p_i) から，(T_f, V_f, p_f) まで準静的に変化させる．この過程で体積と圧力の関係は次の式となる．

$$pV^\gamma = p_i V_i^\gamma \ (一定) \tag{3.14}$$

ここで，$\gamma = c_p/c_V$ は比熱比である．また，気体が外部から受ける仕事と気体が外部から受け取る熱量は次の式となる．

$$W^{\text{in}} = \frac{p_f V_f - p_i V_i}{\gamma - 1} = nc_V(T_f - T_i) \tag{3.15}$$

$$Q^{\text{in}} = 0 \tag{3.16}$$

───── **例題 3.4** 等温過程と断熱過程での気体が外部から受ける仕事 ─────

温度 300 K，体積 2.0×10^{-2} m^3 の 1 mol の理想気体を等温過程と断熱過程で体積 1.0×10^{-2} m^3 まで圧縮するとき，それぞれの過程で気体が外部から受ける仕事を求めなさい．ただし，比熱比は 5/3，気体定数は 8.3 J·mol^{-1}·K^{-1} とする．

【解答例】

等温過程の仕事は式 (3.12) に数値を代入して

$$W^{\text{in}} = -1 \text{ mol} \times 8.31 \text{ J·mol}^{-1}\text{·K}^{-1} \times 300 \text{ K} \times \ln\left(\frac{1.0 \times 10^{-2} \text{ m}^3}{2.0 \times 10^{-2} \text{ m}^3}\right) = 1.7 \times 10^3 \text{ J} \tag{3.17}$$

と求められる．また，断熱過程の仕事は式 (3.15) に数値を代入する．理想気体の状態方程式からはじめの状態である温度 300 K，体積 2.0×10^{-2} m^3 での圧力は

$$p_i = \frac{8.3 \text{ J·mol}^{-1}\text{·K}^{-1} \times 300 \text{ K}}{2.0 \times 10^{-2} \text{ m}^3} = 1.245 \times 10^5 \text{ Pa} \tag{3.18}$$

である．終わりの状態は，式 (3.14) より

$$p_f = p_i \left(\frac{V_i}{V_f}\right)^\gamma = 1.245 \times 10^5 \text{ Pa} \left(\frac{2.0 \times 10^{-2} \text{ m}^3}{1.0 \times 10^{-2} \text{ m}^3}\right)^{5/3} = 3.953 \times 10^5 \text{ Pa} \tag{3.19}$$

である．これらの数値を使って

$$\begin{aligned} W^{\text{in}} &= \frac{3}{2} \times \{ (3.953 \times 10^5 \text{ Pa}) \times (1.0 \times 10^{-2} \text{ m}^3) - (1.245 \times 10^5 \text{ Pa}) \times (2.0 \times 10^{-2} \text{ m}^3) \} \\ &= 2.2 \times 10^3 \text{ J} \end{aligned} \tag{3.20}$$

と求められる．2つの過程を比較すると断熱過程の仕事の方が大きい．

問題 A

[1] 図は，理想気体の等温過程と断熱過程の2つを示している．どちらが断熱過程であるかを選びなさい．

(a) A
(b) B
(c) 問題文の条件からでは決まらない．

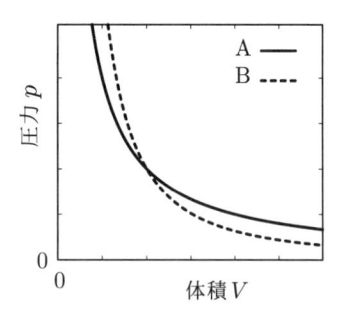

[2] 1 mol の理想気体を 300 K の等温過程で，圧力が 20 気圧から 10 気圧に変化した．気体が受け取った熱量を選びなさい．

(a) 1.73×10^3 J　　(b) 0.75×10^3 J　　(c) -0.75×10^3 J　　(d) -1.73×10^3 J

[3] 1 mol の理想気体を 300 K の等温過程で，圧力が 20 気圧から 10 気圧に変化した．気体が受けた仕事を選びなさい．

(a) 1.73×10^3 J　　(b) 0.75×10^3 J　　(c) -0.75×10^3 J　　(d) -1.73×10^3 J

[4] 比熱比 γ の理想気体での断熱過程で成り立つ関係式を選びなさい．

(a) $pT^{\gamma/(1-\gamma)} =$ （一定）　　(b) $pT^{\gamma/(\gamma-1)} =$ （一定）
(c) $pT^{(1-\gamma)/\gamma} =$ （一定）　　(d) $pT^{(\gamma-1)/\gamma} =$ （一定）

問題 B

[1] 温度を一定に保って，1 mol の理想気体をはじめの状態 (p_i, V_i) から終わりの状態 (p_f, V_f) までゆっくり変化させる．以下の問に答えなさい．

(a) 変化の途中で気体の体積が V であるときの圧力 p を求めなさい．

(b) はじめの状態から終わりの状態まで気体が外部から受け取る仕事 W^{in} を求めなさい．

(c) 理想気体では内部エネルギーは温度のみの関数である．気体が外部から受け取る熱量 Q^{in} を求めなさい．

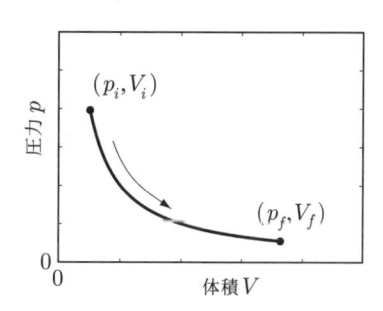

[2] 以下の文章の __(a)__ から __(e)__ に適切な数式または語句を入れなさい．

1 mol の理想気体の断熱過程での体積と圧力の関係を調べよう．圧力 p の状態で体積が dV だけ変化するとき，内部エネルギーは気体が外部から受ける __(a)__ により変化するので，$dU =$ __(b)__ である．また，理想気体の内部エネルギーは温度のみの関数であり，体積が dV だけ変化したとき温度変化を dT とすると，定積モル熱容量を使って $dU =$ __(c)__ である．この2つの式と理想気体の状態方程式より

$$\frac{c_V}{RT} dT = \underline{\quad(d)\quad} dV$$

となる．両辺を積分することで

$$\underline{\quad(e)\quad} = （一定）$$

の関係が得られる．さらに $c_p = c_V + R$ の関係と比熱比 $\gamma = c_p/c_V$ を使って $TV^{\gamma-1} =$ （一定）となる．さらに状態方程式を使って，圧力と温度の関係として $p^{1-\gamma}T^\gamma =$ （一定），圧力と体積の関係として $pV^\gamma =$ （一定）が得られる．

3.5 熱機関とカルノーサイクル

熱を仕事に連続的に変える装置が**熱機関**である．そのために熱機関は，一定の手順の後にはじめと同じ状態に戻る必要がある．このような状態変化の過程を**サイクル**と呼ぶ．カルノーは，熱機関の1つである**カルノーサイクル**を提案した．

カルノーサイクルは，一定温度の高温熱源 T_h と低温熱源 T_c の間を，準静的な2つの等温過程と2つの断熱過程で熱を移動させ，そのときに外部に仕事をする熱機関である．カルノーサイクルでは高温熱源から熱量 Q^{in} を受け取り，一部を仕事 W^{out} として外部に行い，残りの熱量 Q^{out} を低温熱源に捨てる．このとき，高温熱源から受け取った熱量を全て仕事として外部に行うことはできない．受け取った熱量に対して仕事として取り出した割合が**熱効率**である．カルノーサイクルでは

$$\eta = \frac{W^{\text{out}}}{Q^{\text{in}}} = \frac{Q^{\text{in}} - Q^{\text{out}}}{Q^{\text{in}}} = \frac{T_h - T_c}{T_h} \tag{3.21}$$

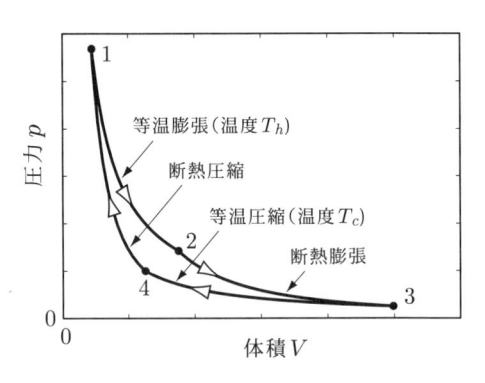

図 3.1 理想気体のカルノーサイクル

となり，熱効率は熱源の絶対温度のみで決まる．高温熱源の温度が高く，低温熱源の温度が低いほど熱効率が向上する．

例題 3.5　理想オットーサイクルの熱効率

ガソリンエンジンのモデルである図 3.2 の理想気体のオットーサイクルは，4つの過程（1→2: 断熱圧縮，2→3: 一定体積での温度上昇，3→4: 断熱膨張，4→1: 一定体積での温度下降）からなる．状態1と2の温度を使うと熱効率は $\eta = 1 - T_1/T_2$ であることを説明しなさい．

【解答例】
理想気体のモル数を n，定積モル熱容量を c_V とする．1→2 と 3→4 は断熱過程で熱の出入りはない．熱の受け取りは 2→3，熱の吐き出しは 4→1 で起こる．それぞれの熱量は

$$Q_{23}^{\text{in}} = nc_V (T_3 - T_2) \tag{3.22}$$

$$Q_{41}^{\text{out}} = nc_V (T_4 - T_1) \tag{3.23}$$

である．ここで，1→2 は断熱過程であり，比熱比を γ として $T_1 V_1^{\gamma-1} = T_2 V_2^{\gamma-1}$，同様に，3→4 についても $T_3 V_3^{\gamma-1} = T_4 V_4^{\gamma-1}$，が成り立つ．したがって，

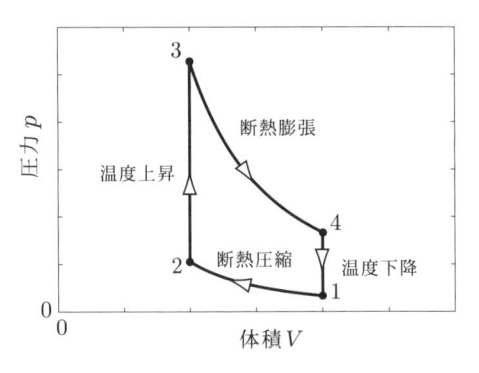

図 3.2 理想オットーサイクル

$$\frac{T_1}{T_2} = \left(\frac{V_2}{V_1}\right)^{\gamma-1} = \left(\frac{V_3}{V_4}\right)^{\gamma-1} = \frac{T_4}{T_3} \tag{3.24}$$

である．それらより，熱効率は

$$\eta = 1 - \frac{Q_{41}^{\text{out}}}{Q_{23}^{\text{in}}} = 1 - \frac{T_4 - T_1}{T_3 - T_2} = 1 - \frac{T_1}{T_2} \cdot \frac{(T_4/T_1) - 1}{(T_3/T_2) - 1} = 1 - \frac{T_1}{T_2} \tag{3.25}$$

と求まる．また状態 1 と 2 の体積を使うと $\eta = 1 - (V_2/V_1)^{\gamma-1}$ である．

問題 A

[1] 理想気体のカルノーサイクルについて正しい説明を選びなさい．

(a) サイクルへの熱の受け入れは等温膨張で起こる．
(b) 等温膨張で外部にする仕事の大きさは受け入れた熱より小さい．
(c) 断熱膨張と断熱圧縮での外部にする仕事の絶対値は等しい．
(d) 熱効率 $\eta = 1 - T_c/T_h$（T_c, T_h は熱源の温度）はサイクルの熱効率の上限値を与える．

[2] 高温熱源 500 °C と低温熱源 100 °C で運転するカルノーサイクルの熱効率を選びなさい．

(a) 0.80 (b) 0.68 (c) 0.52 (d) 0.36

[3] ある熱機関が，高温熱源 300 °C から単位時間あたり 1.0 kJ の熱量を取り，外部に 0.3 kJ の仕事をして，低温熱源 100 °C に 0.7 kJ の熱を捨てる．この熱機関はカルノーサイクルか答えなさい．

(a) カルノーサイクルである．   (b) カルノーサイクルでない．
(c) 問題文からは判断できない．

[4] 高温熱源 T_h と低温熱源 T_c の間で運転するカルノーサイクルがある．高温熱源からの熱量を Q^{in}，仕事を W^{out}，低温熱源への熱量を Q^{out} するとき，正しい関係式を選びなさい．

(a) $\dfrac{W^{\text{out}}}{Q^{\text{in}}} = 1 - \dfrac{T_c}{T_h}$ (b) $\dfrac{Q^{\text{in}}}{T^h} = \dfrac{Q^{\text{out}}}{T^c}$ (c) $\dfrac{Q^{\text{out}}}{T^h} = \dfrac{Q^{\text{in}}}{T^c}$

問題 B

[1] 以下の文章の (a) から (g) に適切な数式または語句を入れなさい．

n mol の理想気体を利用したカルノーサイクルについて考えよう．カルノーサイクルは準静的な 4 つの過程（1→2: T_h の高温熱源に接して等温膨張，2→3: 断熱膨張，3→4: T_c の低温熱源に接して等温圧縮，4→1: (a) ）からなる．

1→2 の気体の体積を V_1 と V_2 とすると，気体が外部にする仕事は等温過程なので

$$W_{12}^{\text{out}} = \underline{\quad(\text{b})\quad}$$

である．このとき気体の内部エネルギーは $\underline{\quad(\text{c})\quad}$．したがって，仕事は気体が受け取る熱量に等しい．また，2→3 の断熱膨張では，内部エネルギーの変化は仕事に等しいので，

$$W_{23}^{\text{out}} = nc_V \underline{\quad(\text{d})\quad}$$

である．4つの過程で気体が外部にする仕事は，2→3 と 4→1 の過程での仕事の和は 0 であるので，

$$W^{\text{out}} = \underline{\quad(\text{e})\quad}$$

である．また，高温熱源で気体が受け取る熱量は

$$Q^{\text{in}} = \underline{\quad(\text{f})\quad}$$

である．ここで，断熱過程の性質 $p_2 V_2^\gamma = p_3 V_3^\gamma$ と $p_4 V_4^\gamma = p_1 V_1^\gamma$ より $\underline{\quad(\text{g})\quad}$ が成り立ち，カルノーサイクルの熱効率 $\eta = 1 - T_c/T_h$ が得られる．

[2] カルノーサイクルを逆向きに運転すると低温熱源から熱を取り，高温熱源に熱を捨てる冷凍機（ヒートポンプ）となる．それぞれの熱源の温度を T_c と T_h として，以下の問に答えなさい．

(a) 外部から与える仕事を W，高温熱源に捨てる熱量を Q_h とするとき，W/Q_h を熱源の温度を使って表しなさい．
(b) 低温熱源から受け取る熱量 Q_c を W と熱源の温度を使って表しなさい．
(c) Q_c/W を成績係数（coefficient of performance, COP）と呼ぶ．カルノーサイクルの熱効率 η_c を使って成績係数を表しなさい．

問題 C

[1] ワットの蒸気機関の熱効率は 7% 程度である．100 °C の水蒸気を高温熱源とし，室温 27 °C を低温熱源としたカルノーサイクルの熱効率の何%であるかを求めなさい．

3.6 熱力学の第2法則

カルノーサイクルは，低温熱源に捨てる熱量があるために熱効率は100%にはならない．これは熱が自然に低温から高温に移動しないことに関係する．熱の移動のように自発的に起こるには方向があり，その逆向きには自発的に起こらない現象を**不可逆現象**と呼ぶ．熱の移動の不可逆現象は，次のようにまとめられる．

> **クラウジウスの原理：** 低温の熱源から高温の熱源に熱を移動させるだけで，それ以外に何も変化を残さない過程は不可能である．

また，熱機関の熱効率という表し方をするとクラウジウスの原理と同じ内容は，次のように表すことができる．

> **トムソンの原理：** 温度が一定の1つの熱源から熱を受け取り，それと等量の仕事を外部に行うサイクルは不可能である．

トムソンの原理では，サイクルであること，つまり仕事を外部に行った後で熱機関の状態がはじめと同じ状態に戻ることが重要である．ここに示した原理は，多くの物理の基本法則と異なり『‥は不可能である』と表現される．この内容を熱力学の基本法則と考え，**熱力学の第2法則**と呼ぶ．

熱力学の第2法則を認めると，「カルノーサイクルの熱効率は利用する物質によらないこと，一般の熱機関の熱効率はカルノーサイクルと等しいかまたは低いこと」が示される．さらに，「熱機関を逆向きに準静的に運転できるならば，その熱効率はカルノーサイクルに等しいこと」も示される．

──── **例題 3.6 トムソンの原理とクラウジウスの原理の関係** ────

クラウジウスの原理が成り立たなければ，トムソンの原理が成り立たないことを説明しなさい．

【解答例】
高温熱源と低温熱源の2つの熱源を使ってカルノーサイクルを運転する．クラウジウスの原理が成り立たなければ，カルノーサイクルにより低温熱源に捨てられた熱を外部に何の変化も残さず高温熱源に移動させることができる．これは，1つの熱源から熱を受け取り，それと等量の仕事を外部にしたことになり，トムソンの原理が成り立たない．

問題 A

[1] 以下の文章の (a) から (c) に適切な語句を入れなさい．

エネルギーを与えず外部に仕事をする機関を第1種 (a) と呼ぶ．この機関は熱を含めたエネルギーの保存則である (b) により禁止される．一方，熱を全て仕事にする熱機関は (b) に禁止されることはなく実現できれば重要であり， (c) と呼ぶ．しかし，トムソンの原理はこの熱機関は実現できないことを示している．

[2] 不可逆現象を選びなさい．

   (a) 2つの物体の弾性衝突
   (b) 2つの物体の非弾性衝突
   (c) 真空中の物体の落下運動
   (d) 空気中の物体の落下運動

[3] 熱と仕事について正しい説明を選びなさい．

   (a) 熱を仕事に変えるときは必ず不可逆現象が含まれる．
   (b) 仕事を熱に変えるときは必ず不可逆現象が含まれる．
   (c) 温度が一定の1つの熱源から受け取った熱を全て仕事にすることは可能である．
   (d) 全ての仕事を熱とすることは可能である．

[4] 500 °C と 100 °C の2つの熱源を使って熱機関を作るとき，その熱効率を60%にすることは可能であるかを答えなさい．

   (a) 可能である．   (b) 不可能である．   (c) 問題文の条件からでは決まらない．

問題 B

[1] 以下の文章の __(a)__ から __(c)__ に適切な語句を入れなさい．

「トムソンの原理が成り立たなければクラウジウスの原理が成り立たない」ことを示そう．高温熱源と低温熱源の2つの熱源間に __(a)__ を置く．(a) は外部から与える __(b)__ によって低温熱源から高温熱源へと熱を移動させる．いま，トムソンの原理が成り立たないので __(c)__ 熱源だけを使った熱機関を作り，その仕事を (a) に与える．これにより，低温熱源から高温熱源に熱を運ぶだけで何の変化も残らず，クラウジウスの原理が成り立たない．これによりはじめの内容が示された．

[2] 図のように，高温熱源 T_h から熱量 Q^{in} を取りいれ，外部に W の仕事をして低温熱源 T_c に熱量 Q^{out} を捨てる熱機関と，その仕事を受けて低温熱源から高温熱源へ熱を運ぶ逆カルノーサイクルからなる系を考える．以下の問に答えなさい．

   (a) 逆カルノーサイクルが低温熱源から取り去る熱量 Q'^{in} を答えなさい．
   (b) 逆カルノーサイクルが高温熱源に与える熱量 Q'^{out} を答えなさい．
   (c) $Q^{\text{in}} - Q'^{\text{out}} = Q^{\text{out}} - Q'^{\text{in}} \geqq 0$ である理由を説明しなさい．
   (d) $Q'^{\text{in}}/T_c - Q'^{\text{out}}/T_h \geqq 0$ であることを説明しなさい．
      【注意】逆カルノーサイクルについて $Q'^{\text{in}}/T_c - Q'^{\text{out}}/T_h = 0$ が成り立つ．

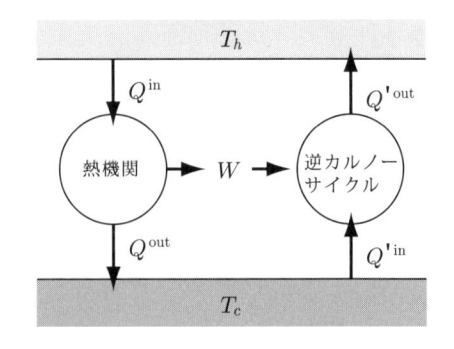

3.7 エントロピー

カルノーサイクルでは，熱効率の式より $Q^{\text{in}}/T_h = Q^{\text{out}}/T_c$ が成り立つ．したがって，図 3.1 のカルノーサイクルの状態 1 から状態 3 への 2 つの経路（1→2→3 と 1→4→3）で，受け取る熱量をそのときの絶対温度で割った量は経路によらず等しい．一般に，2 つの状態はカルノーサイクルで結ぶことができる．圧力 p，体積 V，温度 T に加えて，系が受け取る熱量に関係する新たな状態量として**エントロピー** S の増加量を以下のように約束する．

$$\Delta S = \frac{\Delta Q_r^{\text{in}}}{T} \tag{3.26}$$

ここで，T は絶対温度，ΔQ_r^{in} は温度 T で（カルノーサイクルを利用して）系が*準静的*に受け取る熱量である．なお，エントロピーの単位は J/K である．

自発的に起こる現象の方向性を表した熱力学の第 2 法則をエントロピーをもちいて表すと，「断熱の状態で系に起こる変化は，エントロピーを増加させる」となる．低温と高温の物体が接触して一様な温度になるときの例では，低温と高温の物体を合わせたエントロピーは増加する．

―――― **例題 3.7 融解によるエントロピー変化** ――――

1 気圧のもとでの氷の融解温度は 0 °C，融解熱は 3.35×10^5 J/kg である．1.0 kg の 0 °C の氷が解けて 0 °C の水となるときのエントロピー変化を求めなさい．

【解答例】
一定温度での氷の融解は準静的と考えることができる．式 (3.26) の温度は絶対温度であることに注意して数値を代入すると，エントロピー変化は，

$$\Delta S = \frac{1.0 \text{ kg} \times (3.35 \times 10^5 \text{ J/kg})}{273 \text{ K}} = 1.2 \times 10^3 \text{ J/K} \tag{3.27}$$

と求まる．

―――――――――――――――――――――――――――――――――――

問題 A

[1] 100 °C の 10 g の水が，100 °C の水蒸気に変化した．エントロピーの変化を選びなさい．ただし，100 °C での蒸発熱は 2.25×10^6 J/kg である．

  (a) 2.25×10^4 J/K　　(b) 60.3 J/K　　(c) 22.2 J/K　　(d) 0.06 J/K

[2] 1 mol の理想気体を体積を一定に保ちながら，熱源から熱を加えて準静的に温度を T_i から T_f に変化させた．この過程でのエントロピーの変化を選びなさい．

  (a) $c_V(T_f - T_i)$　　　　　(b) $c_p(T_f - T_i)$
  (c) $c_V \ln(T_f/T_i)$　　　　(d) $c_p \ln(T_f/T_i)$

[3] 1 mol の理想気体を圧力を一定に保ちながら，熱源から熱を加えて準静的に温度を T_i から T_f に変化させた．この過程でのエントロピーの変化を選びなさい．

(a) $c_V(T_f - T_i)$ (b) $c_p(T_f - T_i)$
(c) $c_V \ln(T_f/T_i)$ (d) $c_p \ln(T_f/T_i)$

[4] 冷蔵庫を室内で運転する．室外との熱の出入りがないとき，冷蔵庫を含めて室内全体のエントロピーはどのように変化したかを選びなさい．

(a) 増加する． (b) 変化しない． (c) 減少する．
(d) 問題文の条件からでは決まらない．

問題 B

[1] 温度 T_0，体積 V_i の 1 mol の理想気体をバルブを開けて真空容器とつなぎ，全体として体積 V_f とした．以下の問に答えなさい．

(a) 真空へ膨張させた後の気体の温度を答えなさい．
(b) 気体のエントロピーの変化を求めなさい．

[2] 以下の文章の (a) から (c) に適切な数式を入れなさい．

熱容量 C，温度 T_A と T_B $(> T_A)$ の 2 つの物体 A と B を接触させる．外部との熱と仕事の出入りはないとして，熱平衡状態になるまでのエントロピー変化を求めよう．外部との熱と仕事の出入りはないので，2 つの物体 A と B を合わせて考えると内部エネルギーは一定である．全体の内部エネルギーの変化がないことより熱平衡状態の温度を T_f として，

$$T_f = \frac{T_A + T_B}{2}$$

である．物体の温度 T で準静的に $\Delta Q = C\Delta T$ の熱量を受け取るときのエントロピー変化は，$\Delta S =$ (a) である．物体 A について温度 T_A から T_f では

$$\Delta S_A = \int_{T_A}^{T_f} \frac{C}{T} dT = \underline{\quad(b)\quad}$$

となる．物体 B についても同様であり，全体でのエントロピー変化 ΔS_{total} は，

$$\Delta S_{\text{total}} = C \ln \frac{T_f}{T_A} + C \ln \frac{T_f}{T_B} = \underline{\quad(c)\quad}$$

と求まる．ところで，$(T_A + T_B)^2 - 4T_AT_B = (T_A - T_B)^2 > 0$ より，はじめの状態と比較して熱平衡状態のエントロピーが大きいことが分かる．

4. 電磁気学

4.1 クーロンの法則と電場

帯電した物体は，その状態により定まった正または負の**電荷**（電気量）を持つ．大きさを無視できる真空中の**点電荷** q_1 と q_2 間に作用する力の大きさは2つの電荷間の距離 r の2乗に反比例し，その方向は点電荷を結ぶ方向である．また，向きは q_1 と q_2 が同符号の電荷では斥力，異符号では引力である．電荷 q_2 に作用する力は，電荷（電気量）の単位を**クーロン**（記号は C），距離をメートル（m），力をニュートン（N）として

$$\vec{F}_{21} = \frac{1}{4\pi\varepsilon_0} \frac{q_1 q_2}{|\vec{r}_2 - \vec{r}_1|^2} \frac{\vec{r}_2 - \vec{r}_1}{|\vec{r}_2 - \vec{r}_1|} \tag{4.1}$$

と表され，**クーロンの法則**と呼ばれる．ここで ε_0 を**電気定数**（真空の誘電率）と呼び，この大きさは真空の光速度を c として次の値となる．

$$\varepsilon_0 = \frac{10^7}{4\pi c^2} = 8.8541878 \times 10^{-12} \quad \text{C}^2\cdot\text{N}^{-1}\cdot\text{m}^{-2} \tag{4.2}$$

帯電した物体の近くにあらたに点電荷を持ち込むとクーロンの法則により力が作用する．**電場**は，空間に持ち込んだ電荷の大きさが q のとき，電荷に作用する力 $\vec{F}$ から

$$\vec{E} = \frac{\vec{F}}{q} \tag{4.3}$$

と約束する．また，電場の方向と接線が一致するような曲線を**電気力線**と呼ぶ．電気力線は正の電荷から出て負の電荷で終わるように矢印をつける．なお，複数の電荷が空間の一点に作る電場は，各電荷が作る電場をベクトルの加法に従って加えた和となる．

───── **例題 4.1 電子と陽子に作用するクーロン力と電場の大きさ** ─────

水素原子の陽子と電子の平均距離は 0.053 nm である．陽子と電子間のクーロン力の大きさと陽子が電子の位置に作る電場の大きさを求めなさい．なお，陽子と電子の電荷の大きさの絶対値は 1.60×10^{-19} C である．

【解答例】
クーロンの法則の式に数値を代入することで求められる．作用する力 F は

$$F = \frac{(1.60 \times 10^{-19} \text{ C})^2}{4 \times 3.14 \times (8.85 \times 10^{-12} \text{ C}^2\cdot\text{N}^{-1}\cdot\text{m}^{-2}) \times (0.053 \times 10^{-9} \text{ m})^2} = 8.2 \times 10^{-8} \text{ N} \tag{4.4}$$

と求まる．また，電場の大きさは，$E = 5.1 \times 10^{11}$ N/C である．

問題 A

[1] 以下の文章の (a) から (d) に適切な数字または語句を入れなさい．

電荷（電気量）の大きさは最小単位の整数倍であることが知られており，最小単位を (a) と呼び，電子や陽子が持つ電荷の大きさである．1909 年にミリカンにより初めて測定されたその大きさは現在の値で (b) C である．電荷の単位 C を SI 基本単位で表すと C= (c) である．このことから，1 A の電流が流れる導線の断面を 1 秒間に通過する電子の数は (d) となる．

[2] 電気力線について正しい説明を選びなさい．
   (a) 電気力線は正電荷から始まり負電荷で終わる．
   (b) 電気力線は交わる場合がある．
   (c) 電気力線の密度が高いところは電場の大きさが大きい．
   (d) 電荷の配置によっては電気力線が書けない位置がある．

[3] 図のような電気力線を持つ空間の点 P に小さな電荷 $q\,(>0)$ に置く．電荷に作用する力の方向を選びなさい．

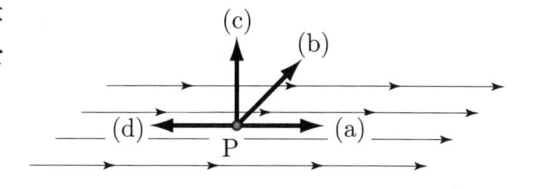

[4] 電気量 q と $-q$ を持つ小物体を十分に小さな間隔 d で固定した．図のような電気力線を持つ空間におくとき，中心位置の運動の方向を選びなさい．
   (a) A
   (b) B
   (c) 動かない．

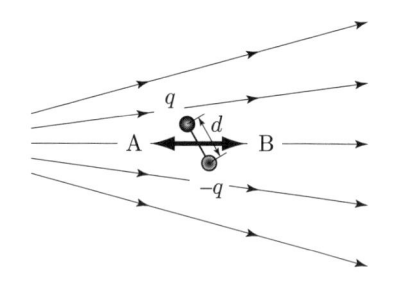

問題 B

[1] 図のように，正と負の絶対値の等しい電気量 q と $-q$ の電荷を，$(d/2, 0, 0)$ と $(-d/2, 0, 0)$ におく．これらの電荷がつくる電場について，以下の問に答えなさい．

(a) 電荷 q が点 $P(x, y, z)$ に作る電場のそれぞれの成分を求めなさい．

(b) 電荷 $-q$ が点 $P(x, y, z)$ に作る電場のそれぞれの成分を求めなさい．

(c) 2つの電荷が点 P に作る電場を書きなさい．

(d) 点 P の位置が座標の原点から十分に遠いとして，近似式 $(1+t)^\alpha \approx 1 + \alpha t$ を使って電場を求めなさい．

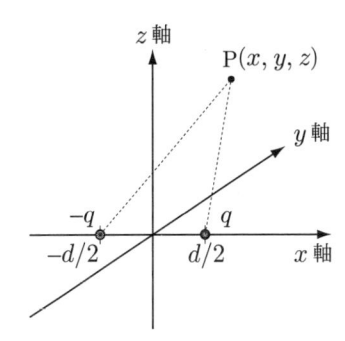

【参考】十分に短い間隔を離して置かれた正と負の絶対値の等しい電気量を持つ点電荷の組みを**双極子**と呼ぶ．

[2] 以下の文章の __(a)__ から __(f)__ に適切な数式または語句を入れなさい．

十分に広い平面に，面電荷密度 σ で一様な電荷が帯電している．このとき，平面から距離 r だけ離れた点 P の電場 $\vec{E}(r)$ を求めよう．点 P の電場の向きは電荷分布の __(a)__ から，平面に対して __(b)__ である．点 P から平面に垂線を下ろした点 O を中心とする半径 a の円を考える．半径 a と $a + \delta a$ の微小範囲の電荷の和は __(c)__ であり，その電荷が点 P に作る電場の大きさは __(d)__ である．点 P の電場の大きさを求めるには (d) について半径 a について 0 から $+\infty$ まで __(e)__ すればよい．計算を進めると __(f)__ と得られる．(f) から分かるように，電場の大きさは平面から距離 r によらず一定である．

問題 C

[1] 地表付近は多くの場合に地表が負に，上空が正に帯電している．晴れた日の地表付近の電場の大きさはおよそ 100 N/C である．地表に電荷があるとして面電荷密度を求めなさい．

【解説】地表は導体であり，面電荷密度 σ と電場の大きさは $E = \sigma/\varepsilon_0$ の関係が成り立つ．

4.2 ガウスの法則

1つの点電荷が作る電場は大きさが距離の2乗に逆比例して小さくなり、またその向きは点電荷から外または内向きである。クーロンの法則の性質から、「閉曲面上の電場と法線ベクトルのスカラー積の和は、閉曲面内の電荷の電気量の和を電気定数で割った値に等しい」という**ガウスの法則**が導かれる。この法則を式で表すと、

$$\int_S \vec{E} \cdot \vec{n}\, dS = \frac{1}{\varepsilon_0} \sum_i Q_i \qquad (4.5)$$

となる。ここで、記号 $\int_S \cdots dS$ は閉曲面 S を微小な面 dS に分けて和をとる面積分を表し、また $\vec{E}$ は閉曲面の dS のある位置での電場、$\vec{n}$ は面の法線ベクトル（大きさは 1）である。電荷が連続的に分布しているときは、電荷密度の位置の関数を $\rho(\vec{r})$ として、

$$\int_S \vec{E} \cdot \vec{n}\, dS = \frac{1}{\varepsilon_0} \int_V \rho(\vec{r})\, dV \qquad (4.6)$$

となる。ここで、右辺の積分は平曲面内を微小な体積に分けて和をとる体積積分である。

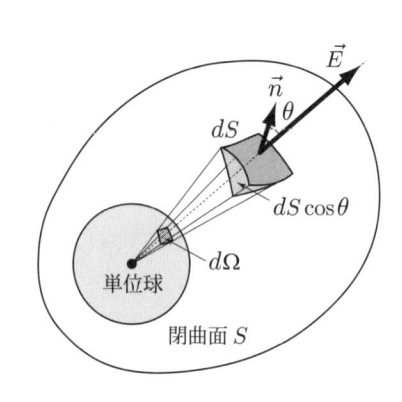

図 4.1　ガウスの法則

――― 例題 4.2　一様な電荷密度を持つ球が作る電場 ―――

半径 a の球に、一様に電荷密度 ρ の電荷が分布している。このとき球の中心から距離 r の位置の電場 $\vec{E}(r)$ を求めなさい。

【解答例】
電場は、電荷分布の対称性より球の中心から外向き（または内向き）であり、またその大きさは球の中心からの距離のみに依存する。電荷分布の対称性に合わせて、同じ中心を持つ半径 r の球形の閉曲面 S を考える。この閉曲面に対してガウスの法則を利用して

$$\int_S \vec{E} \cdot \vec{n}\, dS = \begin{cases} \dfrac{1}{\varepsilon_0} \cdot \dfrac{\rho\, 4\pi a^3}{3} & (r > a) \\ \dfrac{1}{\varepsilon_0} \cdot \dfrac{\rho\, 4\pi r^3}{3} & (r \leqq a) \end{cases} \qquad (4.7)$$

の関係を得る。ここで右辺の電荷は、$r > a$ では閉曲面が球全体を囲むので全電荷であり、$r \leqq a$ では閉曲面の外部の電荷は考慮する必要がなく、内部の電荷の和である。

電場は球形の閉曲面 S に垂直で、大きさは中心からの距離のみに依存する。したがって、電場の大きさを $E(r)$ として、$\vec{E} \cdot \vec{n} = E(r)$ であり、また面積分の計算では定数として扱うことができる。

$$4\pi r^2 E(r) = \begin{cases} \dfrac{1}{\varepsilon_0} \cdot \dfrac{\rho\, 4\pi a^3}{3} & (r > a) \\ \dfrac{1}{\varepsilon_0} \cdot \dfrac{\rho\, 4\pi r^3}{3} & (r \leqq a) \end{cases} \quad (4.8)$$

この式から，電場の大きさは

$$E(r) = \begin{cases} \dfrac{\rho\, a^3}{3\varepsilon_0 r^2} & (r > a) \\ \dfrac{\rho\, r}{3\varepsilon_0} & (r \leqq a) \end{cases} \quad (4.9)$$

となる．また電場の方向は球の電荷が正電荷であるときは外向き，負電荷であるときは内向きである．

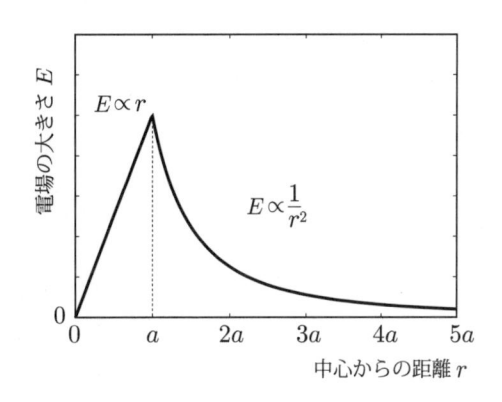

図 4.2 球の作る電場の大きさ

問題 A

[1] ガウスの法則と面積分について正しい説明を選びなさい．

  (a) 大きさが E の電場が面積 S の面に平行であれば，面積分の値は ES である．
  (b) 電場が面積 S の面に垂直であれば，面積分の値は 0 である．
  (c) ガウスの法則は，閉曲面の外部にある電荷が作る電場を考慮しなくとも面積分は同じ値を与える．
  (d) ガウスの法則は，電荷がない場合では成り立たない．

[2] 球の表面に一様に電荷が分布している．このとき球の内部の電場について正しい説明を選びなさい．

  (a) 球の内部では電場は一定の有限な大きさを持つ．
  (b) 球の内部では電場は場所によらず 0 である．
  (c) 球の中心では電場は 0 であり，球の表面に近づくと電場の大きさが増加する．
  (d) 問題文の条件からでは決まらない．

[3] 図のように点電荷 $+q$ と $-q$ を囲む閉曲面 S について $\int_S \vec{E} \cdot \vec{n}\, dS$ を計算した値を選びなさい．

  (a) $-\dfrac{q}{\varepsilon_0}$
  (b) 0
  (c) $\dfrac{q}{\varepsilon_0}$
  (d) 問題文の条件からでは決まらない．

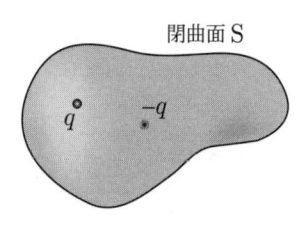

[4] 金属パイプを同軸上に配置し，内側の金属パイプに単位長さあたり λ の電荷を帯電させた．外部に電場がないとき，外側の金属パイプに帯電している単位長さあたりの電荷を選びなさい．

(a) $-\lambda$ (b) 0 (c) λ (d) 問題文の条件からでは決まらない．

問題 B

[1] 無限に広い厚さ d の板に，一様に電荷密度 ρ の電荷が分布している．板に垂直に z 軸を選ぶとき，z の関数として電場を求めなさい．

[2] 以下の文章の (a) から (g) に適切な数式または語句を入れなさい．

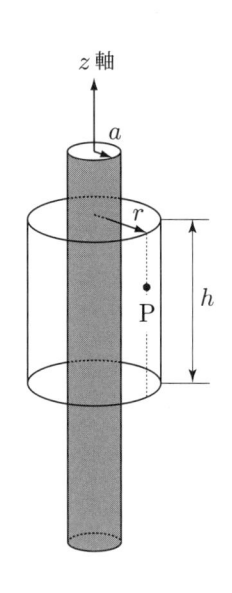

半径 a の無限に長い円柱に，一様に電荷密度 ρ の電荷が分布している．図のように円柱の中心軸方向に z 軸を選び，中心軸から距離 r だけ離れた点Pの電場 $\vec{E}$ を求めよう．点Pの電場の向きは電荷分布の (a) から円柱面に対して (b) であり，その大きさは，中心軸からの距離 r のみの関数である．点Pを通る高さ h の円筒を閉曲面に選ぶと，電場の面積分は，電場の大きさを E として，(c) である．点Pが円柱の外部であれば閉曲面に囲まれた電荷は (d)，点Pが内部であれば (e) である．したがって，電場の大きさは，それぞれ $E =$ (f) $(r > a)$，$E =$ (g) $(r \leqq a)$ である．

問題 C

[1] 1911年のラザフォードの α 線の散乱実験により，原子には質量の大部分を占め，正の電荷を持つ原子核があることが明らかになった．一方，それ以前には，正の電荷が一様に分布する原子モデルも提唱されていた．電荷 $+e$ が半径 a の球に一様に分布するとき，質量 m，電荷 $-e$ の点電荷は球の中心付近では単振動をすることを示し，$m = 9.1 \times 10^{-31}$ kg，$|e| = 1.6 \times 10^{-19}$ C，$a = 0.053$ nm として，その振動数を求めなさい．

4.3 電　位

　クーロン力の方向は電荷を結ぶ向きであり，大きさは距離 r の 2 乗に反比例する．したがって，クーロン力の位置エネルギー（**静電エネルギー**）は，万有引力と同じく距離 r の 1 乗に反比例する．クーロン力の大きさは電荷の電気量に比例するので，単位電気量あたりの位置エネルギーとして**電位（静電ポテンシャル）**を約束する．原点に置かれた電気量 Q の点電荷の電位は，無限遠を基準位置とすると

$$V(\vec{r}) = -\int_{\infty}^{r} \frac{Q}{4\pi\varepsilon_0 r^2}\, dr = \frac{Q}{4\pi\varepsilon_0 r} \tag{4.10}$$

となる．一般に，点 A を基準とした点 B の電位または電位差 $V_B - V_A$ は次の式で与えられる．

$$V_B - V_A = -\int_{C\,(A\to B)} \vec{E}\cdot d\vec{s} \tag{4.11}$$

電位の SI 単位は，電場（N/C）と距離（m）の積であるから J/C と組み立てられ，これを V と表し，**ボルト**と読む．空間の電場が与えられるとき各位置で電位も（定数項を除いて）決まる．電位が一定の位置をつないだ面を**等電位面**と呼ぶ．一方，電位が与えられると電場は電位の勾配である．電場の各成分を求めるには

$$\vec{E}(\vec{r}) = \left(-\frac{\partial V}{\partial x},\ -\frac{\partial V}{\partial y},\ -\frac{\partial V}{\partial z}\right) \tag{4.12}$$

と電位を座標で偏微分し，負の符号をつければよい．また，電場は等電位面に対して垂直である．

例題 4.3　一様な電荷密度を持つ球による電位

半径 a の球に，一様に電荷密度 ρ の電荷が分布している．このとき球の中心から距離 r の位置の電位 $V(r)$ を求めなさい．

【解答例】
半径 a の球に一様に電荷密度 ρ の電荷が分布している場合の電場は，例題 4.2 で求められており，電場は球の中心から外向きであり，電場の大きさは

$$E(r) = \begin{cases} \dfrac{\rho\, a^3}{3\varepsilon_0 r^2} & (r > a) \\[4pt] \dfrac{\rho\, r}{3\varepsilon_0} & (r \le a) \end{cases} \tag{4.13}$$

である．したがって，電位は無限遠を基準位置とすると次の式となる．

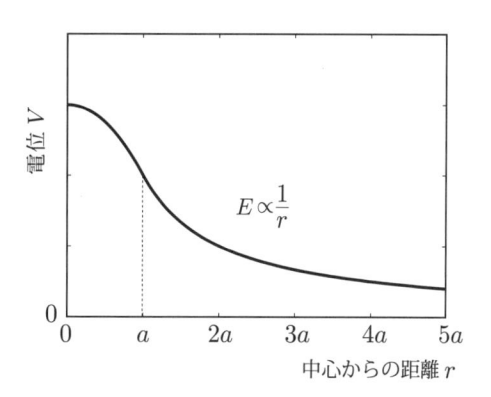

図 4.3　球の作る電位

$$V(r) = -\int_{\infty}^{r} E(r)\,dr = \begin{cases} \dfrac{\rho a^3}{3\varepsilon_0 r} & (r > a) \\[2mm] \dfrac{\rho(3a^2 - r^2)}{6\varepsilon_0} & (r \leqq a) \end{cases} \quad (4.14)$$

なお，この式を全電気量 $Q = \rho 4\pi a^3/3$ で書き直すと次の式となる．

$$V(r) = \begin{cases} \dfrac{Q}{4\pi\varepsilon_0 r} & (r > a) \\[2mm] \dfrac{Q}{4\pi\varepsilon_0}\dfrac{3a^2 - r^2}{2a^3} & (r \leqq a) \end{cases} \quad (4.15)$$

問題 A

[1] 以下の文章の ___(a)___ と ___(b)___ に適切な数字または語句を入れなさい．

1 C の電荷（電気量）が 1 V の電位差を持つ 2 点間を移動したときの仕事の大きさは ___(a)___ であり，素電荷が 1 V の電位差を移動したときの仕事の大きさは ___(b)___ である．なお，素電荷が 1 V の電位差を移動したときの仕事を 1 電子ボルトと呼び，1 eV と書かれる．

[2] 電位について正しい説明を選びなさい．
 (a) 異なる電位を持つ等電位面も交わる場合がある．
 (b) 電位は基準点を変えると同じ位置でも異なる値をとる．
 (c) 各電荷の電気量を 2 倍とすると，同じ位置での電位は 2 倍となる．

[3] 図のように平面上に等電位線がある．点 P の電場の方向を選びなさい．

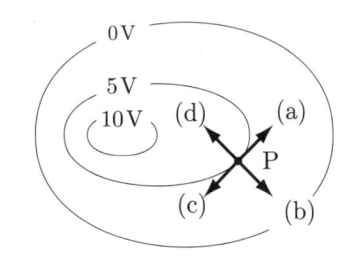

[4] 球の表面に一様に電荷が分布している．同じ電気量 Q を持つとき，半径 a の球と比較して半径 $a/2$ の球の表面の電位は，無限遠を基準として，何倍になるかを選びなさい．
 (a) 1/2 倍　　　　(b) 1 倍　　　　(c) 2 倍　　　　(d) 4 倍

4.3 電位

問題 B

[1] 正と負の絶対値の等しい電気量 q と $-q$ の電荷を，$(d/2, 0, 0)$ と $(-d/2, 0, 0)$ におく．以下の問に答えなさい．

  (a) 電荷 q が点 P(x, y, z) に与える電位を無限遠を基準として求めなさい．
  (b) 2つの電荷が点 P(x, y, z) に与える電位を求めなさい．
  (c) 点 P の位置が座標の原点から十分に遠いとして，近似式 $(1+t)^\alpha \approx 1 + \alpha t$ を使って電位を求めなさい．
  (d) (c) の電位から電場 $\vec{E} = (E_x, E_y, E_z)$ を求めなさい．

[2] 半径 a と b $(>a)$ の金属パイプを同軸上に配置し，内側の金属パイプに単位長さあたり λ の正の電荷を帯電させ，外側の金属パイプを接地するとき，電場は中心軸から外向きであり，その大きさは中心軸からの距離を r として $a<r<b$ の範囲で，$E(r) = \dfrac{\lambda}{2\pi\varepsilon_0 r}$ である．外側の金属パイプを基準として，電位 $V(r)$ を求めなさい．

問題 C

[1] 水素原子において原子核（陽子）から電子を引き離すには 13.6 V の電位差が必要である．電子が静止しているとして原子核からの電子の距離を求めなさい．また，電子が原子核からのクーロン力を受けて円運動をしているとするとき，原子核からの電子の距離を求めなさい．ただし，陽子と電子の電荷の大きさの絶対値は 1.6×10^{-19} C である．

[2] 放射線の計数に用いられるガイガー・ミュラー計数管は，金属円筒を陰極とし，その中心軸上の細い金属線を陽極として電位差を与える．金属線の半径を 0.2 mm，金属円筒の半径を 20 mm，全体の長さを 100 mm として，500 V の電位差を与えたとき，金属線表面での電場の大きさと金属線の単位長さあたりの電荷密度を求めなさい．また，金属円筒の内側表面での電場の大きさを求めなさい．

4.4 静電容量

電流が流れていない1つの導体の電位は一定である．導体が帯電して電気量 Q を持ち，無限遠を基準として電位 V を持つとき，一般に電気量 Q と電位 V には比例関係

$$Q = CV \tag{4.16}$$

が成り立つ．この比例定数 C が**静電容量**であり，単位は C/V と組み立てられ，これを F と表し，**ファラド**と読む．静電容量の値が大きければ，同じ電位で比較するとき，導体は多くの電気量を蓄える．また，電気量 Q を蓄えることで静電エネルギー U を持ち，

$$U = \frac{1}{2}\frac{Q^2}{C} = \frac{1}{2}CV^2 \tag{4.17}$$

である．静電容量 C が大きければ，同じ電位で比較するとき，導体は大きな静電エネルギーを蓄える．

大きな静電容量は，2枚の金属板を用意して向かい合わせることで実現できる．このような構造の電気素子を**キャパシター**と呼ぶ．平板キャパシターは2枚の広い電極を一定の間隔 d においたもので，1枚の導体電極の面積を S とするときの静電容量は

$$C = \frac{\varepsilon_0 S}{d} \tag{4.18}$$

である．また，静電容量 C_1 と C_2 のキャパシターをつなぐとき，全体としての静電容量 C は次の式となる．

$$C = C_1 + C_2 \quad (並列接続) \tag{4.19}$$

$$\frac{1}{C} = \frac{1}{C_1} + \frac{1}{C_2} \quad (直列接続) \tag{4.20}$$

――― **例題 4.4　同軸金属パイプ間の静電容量** ―――

半径 a と $b\,(>a)$ の十分に長い金属パイプを同軸上に配置したときの単位長さあたりの静電容量 C を求めなさい．

【解答例】
はじめに，内側の金属パイプに単位長さあたり λ の正の電荷を帯電したときの電場を求める．電場は，電荷分布の対称性より中心軸から外向きであり，またその大きさ $E(r)$ は中心軸からの距離のみに依存する．電荷分布の対称性に併せて，半径 $r\,(a<r<b)$，高さ h の円筒形の閉曲面を選ぶ．ガウスの法則より，

$$2\pi r h E(r) = \frac{\lambda h}{\varepsilon_0} \tag{4.21}$$

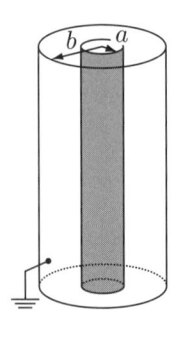

図 4.4　同軸金属パイプ

が得られ，電場の大きさは

$$E(r) = \frac{\lambda}{2\pi\varepsilon_0 r} \tag{4.22}$$

となる．このとき，外側の金属パイプを基準とした内側の金属パイプの電位 V は式 (4.11) より

$$V = -\int_b^a E(r)dr = \frac{\lambda}{2\pi\varepsilon_0}\ln\frac{b}{a} \tag{4.23}$$

である．したがって，単位長さあたりの静電容量は $C = \lambda/V$ より次の式となる．

$$C = \frac{2\pi\varepsilon_0}{\ln(b/a)} \tag{4.24}$$

問題 A

[1] キャパシターの形状の全てを2倍に拡大する．静電容量は何倍になるかを選びなさい．

 (a) 1/2 倍   (b) 1 倍   (c) 2 倍   (d) 4 倍

[2] 面積の大きな2枚の金属平板を間隔 d で平行に向かい合わせ，それぞれの金属平板に電気量 Q と $-Q$ の電荷を置く．この状態で間隔 $2d$ と変化させる．金属平板の電位差について正しい説明を選びなさい．

 (a) 電位差は2倍となる． (b) 電位差は変化しない．
 (c) 電位差は 1/2 倍となる． (d) 問題文の条件からでは決まらない．

[3] 静電容量 $1.0\,\mu\text{F}$ と $3.0\,\mu\text{F}$ のキャパシターを並列につなぐときの静電容量を選びなさい．

 (a) $0.75\,\mu\text{F}$ (b) $1.5\,\mu\text{F}$ (c) $3.0\,\mu\text{F}$ (d) $4.0\,\mu\text{F}$

[4] 静電容量 $1.0\,\mu\text{F}$ と $3.0\,\mu\text{F}$ のキャパシターを直列につなぐときの静電容量を選びなさい．

 (a) $0.75\,\mu\text{F}$ (b) $1.5\,\mu\text{F}$ (c) $3.0\,\mu\text{F}$ (d) $4.0\,\mu\text{F}$

問題 B

[1] 以下の文章の (a) から (e) に適切な数式または語句を入れなさい．

 2枚の広い電極を一定の間隔で向かい合わせた構造を持つ平板キャパシターの静電容量 C を求めよう．1枚の電極の面積は十分に広く S であり，電極間の間隔は d である．片側の電極を接地して，向かい合わせた電極の表面に面密度 σ の電荷があるとする．電極間の電場の方向は電極面に対して (a) であり，ガウスの法則を使うと容易にその大きさは $E =$ (b) であることが分かる．したがって，電極間の電位差は $V =$ (c) となる．また，1枚の電極の全電気量は $Q =$ (d) であるので，静電容量 $C = Q/V =$ (e) である．

[2] 半径 a と $b\,(>a)$ の金属球殻を同心状に配置した．以下の問に答えなさい．
   (a) 内側の金属球殻に電気量 Q を帯電させ，外側の金属球殻を接地する．球殻間の電場を求めなさい．
   (b) 外側の球殻を基準として，内側の金属球殻の電位を求めなさい．
   (c) 金属球殻間の静電容量を求めなさい．
   (d) (c) で求めた静電容量は，金属球殻間の間隔が狭いときには平板キャパシターと一致することを確かめなさい．

問題 C

[1] 大気中において放電が生じる電場の大きさは 3×10^6 N·C^{-1} である．静電気により，指をドアノブに近づけたとき 1 mm の距離で放電が生じたとする．指とドアノブ間の電圧差を求めなさい．人体の静電容量を 100 pF として，移動した電荷を求めなさい．

[2] 雷雲の高さを 2 km，面積を 1 km^2，地表との電位差を 2×10^8 V とするとき，雷雲と地表を平板キャパシターとして蓄えられる電気量を求めなさい．

4.5 ビオ−サバールの法則と磁場

電流が流れる導線間には力が作用する．これは電流が**磁場（磁束密度）**を作り，磁場のある空間の電流に力が作用すると説明される．磁場 $\vec{B}$ の空間に大きさ I の電流があるとき，その微小部分 $\Delta \vec{s}$ に作用する力は $\Delta \vec{s}$ と $\vec{B}$ のベクトル積を使って

$$\Delta \vec{F} = I \Delta \vec{s} \times \vec{B} \tag{4.25}$$

である．一方，真空中で大きさ I' の電流の微小部分 $\Delta \vec{s}'$ が $\vec{r}$ だけ離れた位置に作る磁場 $\Delta \vec{B}'$ は

$$\Delta \vec{B}' = \frac{\mu_0}{4\pi} \frac{I' \Delta \vec{s}'}{r^2} \times \frac{\vec{r}}{r} \tag{4.26}$$

である．ここで，μ_0 を**磁気定数（真空の透磁率）**と呼び，その大きさは

$$\mu_0 = 4\pi \times 10^{-7} \ \ \text{N·A}^{-2} = 1.2566370614 \times 10^{-6} \ \ \text{N·A}^{-2} \tag{4.27}$$

と約束される．磁場（磁束密度）の単位は $\text{N·m}^{-1}\text{·A}^{-1}$ と組み立てられ，これを T と表し，**テスラ**と読む．これら２つの関係から電流が流れる導線間には力が作用する．

式 (4.26) から電流の作る磁場は，電流の大きさと微小部分の長さに比例し，距離の２乗に反比例する．また，磁場の方向は，電流の向きと $\vec{r}$ 方向の単位ベクトル $\vec{r}/r$ のベクトル積で求められる．この法則を**ビオ−サバールの法則**と呼ぶ．電流の全体では微小部分の和をとることで求められ，次の式となる．

$$\vec{B} = \frac{\mu_0}{4\pi} \int \frac{I d\vec{s}}{r^2} \times \frac{\vec{r}}{r} \tag{4.28}$$

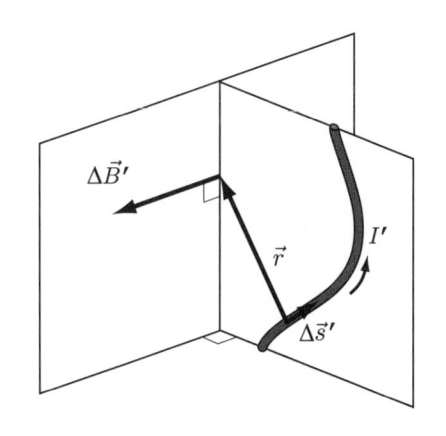

図 4.5 ビオ−サバールの法則

―――― **例題 4.5　直線電流が作る磁場** ――――

z 軸の正の方向に大きさ I の直線電流が流れている．電流から距離 a 離れた位置の磁場 $\vec{B}$ を求めなさい．

【解答例】

磁場を求める位置を y 軸上の点 P $(0, a, 0)$ とする．z の位置にある電流の微小部分 dz が点 P に作る磁場は，ビオ−サバールの法則より x の負の向きであり，大きさは

$$dB = \frac{\mu_0 I}{4\pi(z^2+a^2)} \sin\theta dz = \frac{\mu_0 I a}{4\pi(z^2+a^2)^{3/2}} dz \tag{4.29}$$

である．ただし，電流の微小部分 dz と点 P までのベクトルのなす角を θ として，$\sin\theta = a/\sqrt{z^2+a^2}$ である．電流の全体では，

$$B = \frac{\mu_0 I}{4\pi} \int_{-\infty}^{\infty} \frac{a\,dz}{(z^2+a^2)^{3/2}} \tag{4.30}$$

となる．ここで変数変換 $z = a\tan\phi$ を行う．$dz = a\,d\phi/\cos^2\phi$ であるから，

$$B = \frac{\mu_0 I}{4\pi a}\int_{-\pi/2}^{\pi/2}\cos\phi\,d\phi = \frac{\mu_0 I}{2\pi a} \qquad (4.31)$$

と計算される．直線電流のまわりに作られる磁場は右ねじの向きに作られ，その大きさは電流からの距離に反比例する．

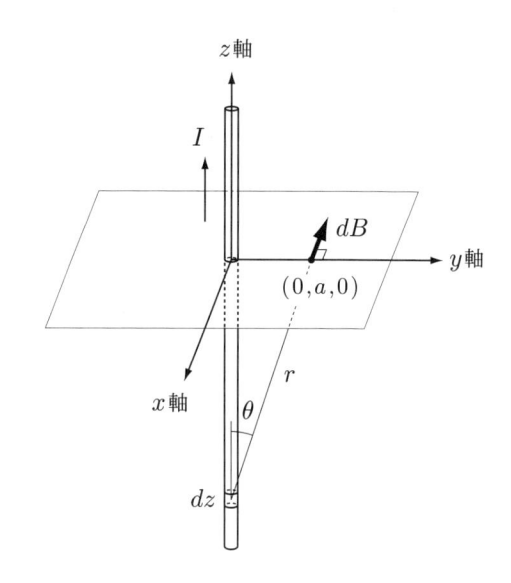

図 4.6 直線電流の作る磁場

問題 A

[1] 以下の文章の (a) から (c) に適切な数字または語句を入れなさい．

電流が流れる導線間に力が作用する．2本の直線導線が平行に置かれ，その導線に流れる電流が平行であれば導線間の力は引力であり，反平行であれば (a) である．また，導線をねじれの位置におき，その角が (b) であるとき，導線間には力が作用しない．国際単位 (SI) 系の基本単位としてアンペア (A) が定義されており，1 m の距離の同じ大きさの平行な電流に作用する力が 1 m あたり (c) であるとき，その電流を 1 A とする．

[2] 等しい大きさの電流が流れる平行な直線導線の間隔を 1/2 倍にする．導線間に作用する力は何倍になるかを選びなさい．

 (a) 1/4 倍   (b) 1/2 倍   (c) 2 倍   (d) 4 倍

[3] 等しい大きさの電流が流れる平行な直線導線の電流を 2 倍にする．導線間に作用する力は何倍になるかを選びなさい．

 (a) 1/4 倍   (b) 1/2 倍   (c) 2 倍   (d) 4 倍

[4] 図のように，2本の導線のそれぞれに電流 I_1 と I_2 が流れている．電流 I_2 の向きを反転させるとき，電流 I_1 が受ける力について正しい説明を選びなさい．

(a) 大きさも向きも変わらない． (b) 大きさは変化し，向きは変わらない．
(c) 大きさは変わらず，向きが反転する． (d) 大きさも変化し，向きが反転する．

問題 B

[1] 図のように一様な大きさの磁場 $\vec{B}$ の中に，辺の長さ a，b である長方形 ABCD のコイルを磁場との角度 θ でおく．コイルには大きさ I の電流が A→B→C→D の方向に流れている．以下の問に答えなさい．

(a) 辺 AB，辺 CD に作用する力の大きさと向きを求めなさい．
(b) 辺 BC，辺 DA に作用する力の大きさと向きを求めなさい．
(c) コイルに作用する力の合力を求めなさい．
(d) コイルに作用する力のモーメントを求めなさい．

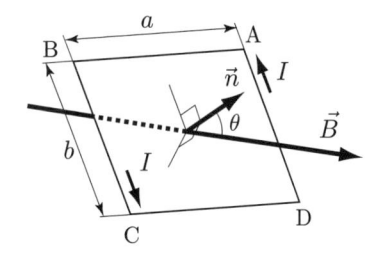

[2] 半径 a の円形状の導線に大きさ I の電流が流れている．中心軸上の磁場を，中心からの距離 z の関数として求めなさい．

問題 C

[1] 駅の自動改札などで利用される非接触 IC カードの動作磁場は，最大 13 μT，最小 2.7 μT である．

(a) 半径 5.0 cm の 1 巻の円形コイルで発生させる磁場が，コイルの中心で 13 μT であるときにコイルに流れる電流を求めなさい．
(b) (a) で求めた電流が円形コイルに流れているとき，中心軸上で磁場が 2.7 μT になる距離を求めなさい．

[2] 500 kV 用の高圧送電線は，およそ 8000 A の電流が流れる．（地磁気の）南北方向に水平に張られた送電線に南から北に 8000 A の電流が流れるとき，100 m の送電線に地磁気によって作用する力の大きさと向きを求めなさい．ただし，地磁気の大きさは 50 μT とし，水平方向より下向きに 50 度の角度（伏角）で傾いている．

4.6 アンペールの法則

ビオ–サバールの法則より電流により作られる磁場は計算できる．静電気のクーロンの法則を閉曲面での電場と電荷の関係であるガウスの法則で表したように，ビオ–サバールの法則を閉曲線と磁場 $\vec{B}$ とのスカラー積と電流の関係として，次のように表すことができる．

$$\oint_C \vec{B} \cdot d\vec{s} = \mu_0 \sum_i I \qquad (4.32)$$

ここで，右辺は閉曲線を周囲とする曲面を通過する電流の大きさの和であり，閉曲線の周囲をまわるとき，曲面が左側に見えるとき，その面を表側，右側に見えるとき，その面を裏側として，裏から表に向かう電流を正符号，表から裏に向かう電流を負符号とする．この法則を，**アンペールの法則**と呼ぶ．

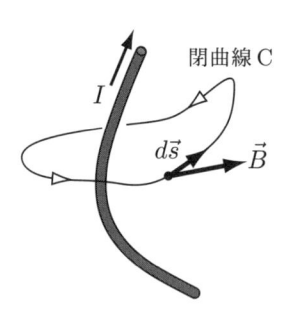

図 4.7 アンペールの法則

例題 4.6 円柱導体を流れる電流が作る磁場

半径 a の円柱形の導体に大きさ I の電流が一様に流れている．円柱の中心軸から距離 r 離れた位置の磁場 $\vec{B}$ を求めなさい．

【解答例】
磁場は，電流分布の対称性より中心軸に垂直な面内で中心軸を中心とする円の接線方向を向く．また，その大きさは中心軸からの距離のみに依存する．電流分布の対称性に合わせて，半径 r の円の閉曲線 C を考える．この閉曲線に対してアンペールの法則を利用して

$$\oint_C \vec{B} \cdot d\vec{s} = \begin{cases} \mu_0 I & (r > a) \\ \mu_0 I \dfrac{r^2}{a^2} & (r \leqq a) \end{cases} \qquad (4.33)$$

である．ここで，右辺の電流は，$r > a$ では閉曲線が円柱形の導体の全体を囲むので全電流であり，$r < a$ では閉曲線の外部の電流は考慮する必要がなく，内部の電流の和である．

磁場は閉曲線に平行で，大きさは中心軸からの距離のみに依存する．したがって，磁場の大きさを $B(r)$ として，$\vec{B} \cdot d\vec{s} = B(r)$ であり，また線積分の計算では定数として扱うことができる．

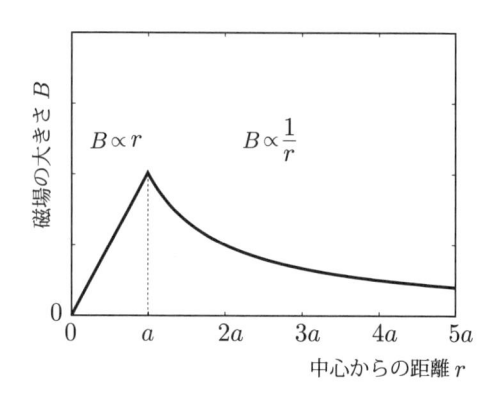

図 4.8 円柱導体を流れる電流が作る磁場の大きさ

$$2\pi r B(r) = \begin{cases} \mu_0 I & (r > a) \\ \mu_0 I \dfrac{r^2}{a^2} & (r \leqq a) \end{cases} \tag{4.34}$$

この式から，磁場の大きさは次の式となる．

$$B(r) = \begin{cases} \dfrac{\mu_0 I}{2\pi r} & (r > a) \\ \dfrac{\mu_0 I r}{2\pi a^2} & (r \leqq a) \end{cases} \tag{4.35}$$

問題 A

[1] アンペールの法則と線積分について正しい説明を選びなさい．
  (a) 磁場の大きさが B であり磁場が線積分 C の経路の面内にあれば，経路の長さを ℓ として線積分の値は $B\ell$ である．
  (b) 磁場が線積分 C の経路に垂直であれば，線積分の値は 0 である．
  (c) アンペールの法則では，閉曲線の外部にある電流が作る磁場を考慮しなくとも線積分は同じ値を与える．
  (d) アンペールの法則は，電流がない場合では成り立たない．

[2] 金属パイプに一様な電流が流れている．このとき金属パイプの内部の磁場について正しい説明を選びなさい．
  (a) パイプの内部では磁場は一定の有限な大きさを持つ．
  (b) パイプの内部では磁場は場所によらず 0 である．
  (c) パイプの中心では磁場は 0 であり，パイプの表面に近づくと磁場の大きさが増加する．
  (d) 問題文の条件からでは決まらない．

[3] 図のように電流 $+I$ と $-I$ を囲む閉曲線 C について $\oint_C \vec{B} \cdot d\vec{s}$ を計算した値を選びなさい．
  (a) $-\mu_0 I$
  (b) 0
  (c) $\mu_0 I$
  (d) 問題文の条件からでは決まらない．

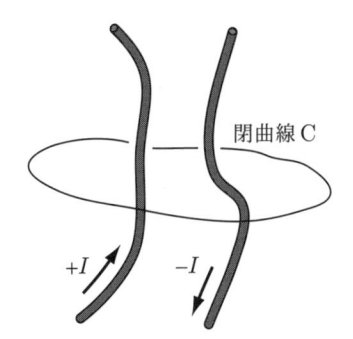

[4] 金属パイプを同軸状に配置し，内側の金属パイプに上向きに大きさ I の電流を流した．外部に磁場がないとき，外側の金属パイプに流れている電流を選びなさい．
  (a) 上向きで大きさ I (b) 0
  (c) 下向きで大きさ I (d) 問題文の条件からでは決まらない．

問題 B

[1] 以下の文章の (a) から (d) に適切な数式または語句を入れなさい．

図のように，単位長さあたり巻数が n である（無限に）長いソレノイドに大きさ I の電流が流れている．ソレノイドが作る磁場は，対称性より中心軸に (a) である．いまソレノイドの外部に長方形 ABCD の閉曲線を考えると，アンペールの法則より $\oint_{ABCD} \vec{B} \cdot d\vec{s} =$ (b) である．辺 AB をソレノイドから十分に遠くに選べば $\vec{B} = 0$ であるので，ソレノイドの近くの辺 CD でも $\vec{B} = 0$ となる．これより，ソレノイドの外部には磁場はない．一方，ソレノイドの外部と内部にかかる長方形 EFGH の閉曲線を考えると，辺 EF（辺 GH）の長さを ℓ としてアンペールの法則より $\oint_{EFGH} \vec{B} \cdot d\vec{s} =$ (c) である．したがって，ソレノイドの内部の磁場の大きさは (d) である．

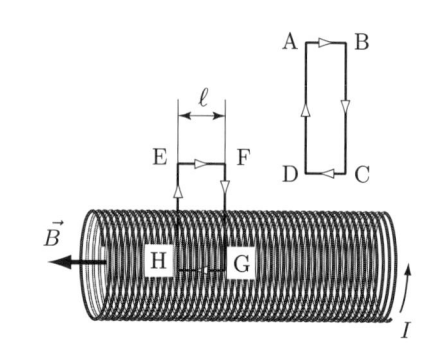

[2] 半径 a と b $(>a)$ の十分に長い金属パイプを同軸状に配置し，内側の金属パイプに大きさ I の電流を流し，外側の金属パイプには逆向きに同じ大きさの電流を流す．中心軸からの距離の関数として磁場の大きさ $B(r)$ を求めなさい．

4.7 ローレンツ力

磁場中の電流は力を受けるが，これらは荷電粒子に作用する力の和と考えることができる．電気量 q の1つの荷電粒子に注目すると，電場 $\vec{E}$，磁場 $\vec{B}$ のある空間で速度 $\vec{v}$ で運動するとき，

$$\vec{F} = q(\vec{E} + \vec{v} \times \vec{B}) \tag{4.36}$$

の力が作用する．この力を**ローレンツ力**と呼ぶ．一般に，電場，磁場のある空間で荷電粒子の運動を調べるには，運動方程式にローレンツ力を組み合わせればよい．

――――― 例題 4.7　サイクロトロン運動 ―――――

一様な磁場の中で荷電粒子は磁場 $\vec{B}$ に垂直な面内で等速円運動をする．質量 m，電気量 q の荷電粒子が速さ v で運動するときの円運動の半径を求めなさい．

【解答例】

磁場は z 軸の正の方向として $\vec{B} = (0, 0, B)$ とする．荷電粒子の速度は $\vec{v} = (v_x, v_y, 0)$ とし，ローレンツ力を考えた荷電粒子の運動方程式は，

$$\begin{cases} m\dfrac{dv_x}{dt} = qv_y B & (x\text{ 成分}) \\ m\dfrac{dv_y}{dt} = -qv_x B & (y\text{ 成分}) \end{cases} \tag{4.37}$$

となる．両辺の時間微分を互いの式に代入すると，v_x または v_y のみの式が得られる．この式の解は時刻 $t = 0$ で $\vec{v} = (v, 0, 0)$ を初期条件とすると

$$\begin{cases} v_x = v\cos\left(\dfrac{qB}{m}t\right) \\ v_y = v\sin\left(\dfrac{qB}{m}t\right) \end{cases} \tag{4.38}$$

である．また，荷電粒子の位置は

$$\begin{cases} x = \dfrac{mv}{qB}\sin\left(\dfrac{qB}{m}t\right) + x_0 \\ y = -\dfrac{mv}{qB}\cos\left(\dfrac{qB}{m}t\right) + y_0 \end{cases} \tag{4.39}$$

である．したがって，荷電粒子は，周期 $T = 2\pi R/v = 2\pi m/qB$ で等速円運動を行い，その半径は $R = mv/qB$ である．このような運動を**サイクロトロン運動**，円運動の半径をサイクロトロン半径と呼ぶ．

問題 A

[1] 一様な磁場のみがある空間での荷電粒子の運動について正しい説明を選びなさい．
　(a) 荷電粒子の速さは一定である．
　(b) 荷電粒子の運動から電荷の符号を決めることはできない．
　(c) 荷電粒子の運動の方向と磁場が平行なとき，荷電粒子には力が作用しない．
　(d) 荷電粒子の運動の方向と磁場が垂直なとき，荷電粒子に作用する力の大きさが最も大きい．

[2] 一定の磁場中で荷電粒子がサイクロトロン運動をしている．磁場をゆっくり増加させるとき，サイクロトロン半径はどのように変化するかを選びなさい．
　(a) 増加する．　　　(b) 変化しない．　　　(c) 減少する．

[3] 一定の磁場中で荷電粒子がサイクロトロン運動をしている．磁場をゆっくり増加させるとき，サイクロトロン運動の周期はどのように変化するかを選びなさい．
　(a) 長くなる．　　　(b) 変化しない．　　　(c) 短くなる．

[4] 電子（質量 9.1×10^{-31} kg，電荷 1.6×10^{-19} C）が 2.0 T の磁場中を速さ 3.0×10^6 m/s で運動する．サイクロトロン半径を選びなさい．
　(a) 8.5×10^{-3} m　　(b) 2.1×10^{-3} m　　(c) 8.5×10^{-6} m　　(b) 2.1×10^{-6} m

問題 B

[1] 以下の文章の __(a)__ から __(e)__ に適切な数式または語句を入れなさい．

磁場 $\vec{B}$ の中の導線に電流 $\vec{I}$（ここでは，電流を大きさのみでなく方向を持つとしてベクトル量とする）が流れているとき，導線が受ける力を調べよう．導線の単位長さあたり伝導電子が N 個あり，速度 $\vec{v}$ で運動しているとき，電子の電荷を $-e$ として電流は $\vec{I} =$ __(a)__ である．1 個の電子が受ける力は $\vec{f} =$ __(b)__ であり，長さ ℓ の導線全体では，$\vec{F} =$ __(c)__ である．この式を，電流を使って書き直すと

$$\vec{F} = \quad \underline{\text{(d)}}$$

となる．電流が磁場中で力を受ける法則は，磁場と電流の向きの関係から __(e)__ と呼ばれる．

[2] 以下の文章の __(a)__ から __(e)__ に適切な数式を入れなさい．

磁場 $\vec{B}$ の中の導体に電流 I を流すとき，電流と磁場に垂直な向きに電場が発生することを調べよう．導体中の電流を担う電子は，原子と衝突しながら運動する．図のように座標と

4.7 ローレンツ力

磁場と電流の方向を決める．電子の質量を m，速度を $\vec{v}=(v_x, v_y, 0)$ として，1つの電子の x と y 方向の運動方程式は

$$m\frac{dv_x}{dt} + \frac{m}{\tau}v_x = -e\left(E_x + \underline{\quad\text{(a)}\quad}\right)$$

$$m\frac{dv_y}{dt} + \frac{m}{\tau}v_y = -e\left(E_y + \underline{\quad\text{(b)}\quad}\right)$$

と表される．ここで，左辺の第2項が衝突の効果である．定常状態では時間微分は0であるから，

$$v_x = -\frac{e\tau}{m}E_x + \underline{\quad\text{(c)}\quad}$$

$$v_y = -\frac{e\tau}{m}E_y + \underline{\quad\text{(d)}\quad}$$

が得られる．ここでは電流が x 方向に流れているので $v_y = 0$ である．したがって y 方向に電場が発生し，電流を流すための x 方向の電場との関係は

$$E_y = \underline{\quad\text{(e)}\quad}$$

となる．このように，電流と磁場の両方に垂直な向きに電場が発生する現象をホール効果と呼ぶ．

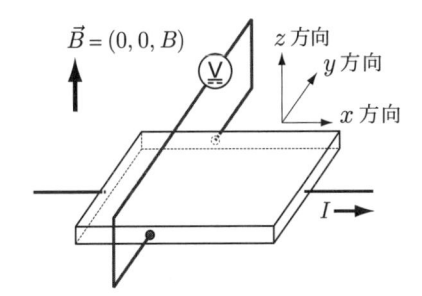

4.8 電磁誘導の法則

磁場の変化が回路の起電力を作る現象を**電磁誘導**と呼ぶ．閉回路に発生する誘導起電力 V_{emf} の大きさは，回路を横切る**磁束** Φ の時間変化に比例し，起電力の向きは，起電力により閉回路に流れる電流が回路の磁束変化を妨げる向きである．これを式で表すと，

$$V_{\mathrm{emf}} = -\frac{d\Phi}{dt} \tag{4.40}$$

となる．ここで，磁束は磁場と閉回路の面積の積である量であるが，起電力の向きと合わせて次のように約束する．図 4.9 のように閉回路に起電力の正の向きを決め，その方向に右ねじを進める方向に閉回路で作られる平面の法線ベクトル $\vec{n}$ を約束する．このとき磁場を $\vec{B}$，閉回路の面積を S として回路を横切る磁束を

$$\Phi = \vec{B} \cdot \vec{n} S \tag{4.41}$$

とする．このように閉回路の起電力の向きも合わせて約束するときに，負の符号が必要となる．

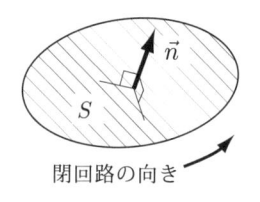

図 4.9 閉回路の電流の向きと法線ベクトル

任意の形の閉回路を考えるとき，回路を横切る磁束は微小部分に分けて，その後に全体の和を求めればよい．起電力は，閉回路に沿った電場により発生するので，式 (4.40) を

$$\oint_C \vec{E} \cdot d\vec{s} = -\frac{d}{dt} \int_S \vec{B} \cdot \vec{n}\, dS \tag{4.42}$$

と書き直せる．ここで，左辺は閉回路に沿った線積分である．

───── **例題 4.8　回転するコイルにより発生する起電力** ─────

図 4.10 のように磁場 $\vec{B}$ の中で面積 S の 1 巻きコイルを角速度 ω で回転させるとき，発生する起電力を求めなさい．

【解答例】
コイル面の法線と磁場のなす角が θ であるとき，回路を横切る磁束は $\Phi = BS\cos\theta$ である．時刻 $t=0$ でなす角 $\theta(0)=0$ とすると $\theta(t)=\omega t$ であり，したがって，発生する起電力は

$$V(t) = -\frac{d\Phi}{dt} = BS\omega \sin(\omega t) \tag{4.43}$$

と振動数 $f=\omega/2\pi$ で変化する．

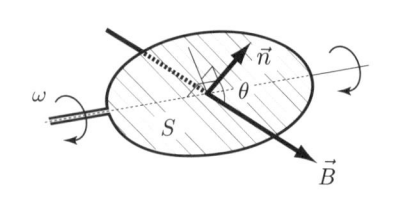

図 4.10 1 巻きコイル

問題 A

[1] 電磁誘導の法則について正しい説明を選びなさい．
   (a) 回転コイルを逆向きに回転すると起電力の位相が π（180°）変化する．
   (b) 電磁誘導は磁石により作られる磁場で起こり，電流により作られる磁場では起こらない．
   (d) 磁石をコイルに対して移動することで起電力が発生しても，コイルを磁石に対して移動する場合には起電力は発生しない．

[2] 一定の磁場中で回転する1巻コイルの起電力と比較して，同じ形状の2巻コイルに発生する起電力は何倍になるかを選びなさい．
   (a) 1/4 倍　　　(b) 1/2 倍　　　(c) 2 倍　　　(d) 4 倍

[3] 図（下左）は，棒磁石を一定の速さでコイルを通過させたときのコイルの両端に発生した起電力の時間変化である．棒磁石の速さを2倍としたときの起電力の時間変化を選びなさい．

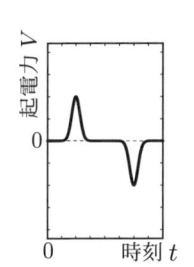

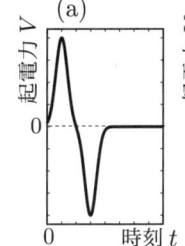

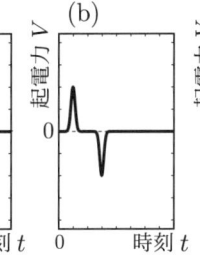

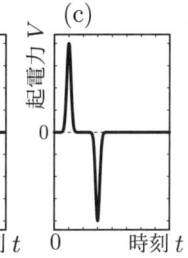

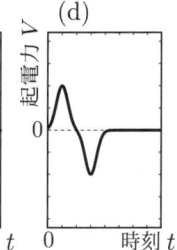

[4] 0.5 T の磁場中で1秒あたり60回転する面積 4 cm^2 のコイルに発生する最大の起電力を選びなさい．
   (a) 53 mV　　　(b) 75 mV　　　(c) 5.3 V　　　(d) 7.5 V

問題 B

[1] 単位長さあたりの巻数 n，長さ ℓ，断面積 S のソレノイドコイルがある．以下の問に答えなさい．

   (a) 電流 I が流れているときのコイル内の磁場を求めなさい．
   (b) 電流 I が流れているときのコイルの断面積を横切る磁束を求めなさい．
   (c) 電流が $I = I(t)$ と時間変化する．このときコイルの両端に発生する電圧を求めなさい．

[2] 図のように2つのソレノイドコイルを巻き，コイル1の端子は電源につなぎ，コイル2の端子は開放する．コイル1とコイル2の巻数を N_1 と N_2，長さを ℓ_1 と ℓ_2，断面積を S_1 と S_2 として，以下の問に答えなさい．

(a) コイル1に電流 $I(t) = I_0 \cos(\omega t)$ を流す．コイル内の磁場の大きさ $B(t)$ を求めなさい．

(b) コイル1の両端に発生する電圧 $V_1(t)$ を求めなさい．

(c) コイル2の両端に発生する電圧 $V_2(t)$ を求めなさい．

(d) 2つのコイルの電圧比 $V_2(t)/V_1(t)$ を求めなさい．

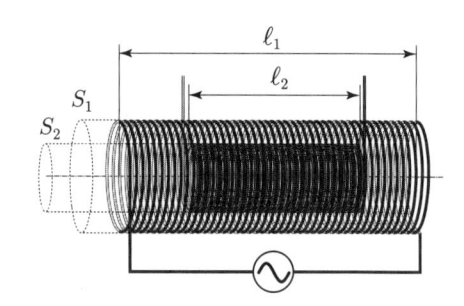

付録 A　　SI単位系

1．SI基本単位

長さ： 1 メートル (m) とは光が真空中を 1/299 792 458 s の時間で進む距離．

時間： 1 秒 (s) とは原子量 133 のセシウム原子 (^{133}Cs) 基底状態での超微細準位間の遷移で放出する電磁波の振動周期の 9 192 631 770 倍の時間．

質量： 1 キログラム (kg) とは国際キログラム原器と等しい質量．

電流： 1 アンペア (A) とは真空中で 1 m 間隔の平行導線に働く力が導線 1 m あたり 2×10^{-7} ニュートン (N) である電流．

温度： 1 ケルビン (K) とは水の三重点の熱力学温度の 1/273.16 の温度．

光度： 1 カンデラ (cd) とは振動数 540×10^{12} Hz の単色放射を放出し，所定の方向における放射強度が 1/683 ワット毎ステラジアン (W/sr) である光源の，その方向における光度．

物質量： 1 モル (mol) とは 0.012 キログラム (kg) の炭素 12 (^{12}C) の中に存在する原子の数と等しい構成要素を含む系の物質量．モルを使用するときには構成要素を指定する．構成要素は原子，分子，イオンその他の粒子またはこの種の粒子の特定の集合体でよい．

2．SI接頭語

表 A.1: SI接頭語

乗数	接頭語	記号	乗数	接頭語	記号
10^{24}	ヨタ	Y	10^{-1}	デシ	d
10^{21}	ゼタ	Z	10^{-2}	センチ	c
10^{18}	エクサ	E	10^{-3}	ミリ	m
10^{15}	ペタ	P	10^{-6}	マイクロ	μ
10^{12}	テラ	T	10^{-9}	ナノ	n
10^{9}	ギガ	G	10^{-12}	ピコ	p
10^{6}	メガ	M	10^{-15}	フェムト	f
10^{3}	キロ	k	10^{-18}	アト	a
10^{2}	ヘクト	h	10^{-21}	ゼプト	z
10^{1}	デカ	da	10^{-24}	ヨクト	y

3．固有の名称を持つSI組立単位

表 A.2: 固有な名称を持つSI組立単位

量	単位の名称	単位記号	基本単位による表現
平面角	ラジアン	rad	$m \cdot m^{-1} = 1$
立体角	ステラジアン	sr	$m^2 \cdot m^{-2} = 1$
振動数，周波数	ヘルツ	Hz	s^{-1}
力	ニュートン	N	$m \cdot kg \cdot s^{-2}$
圧力，応力	パスカル	Pa	$m^{-1} \cdot kg \cdot s^{-2}$
エネルギー，仕事，熱量	ジュール	J	$m^2 \cdot kg \cdot s^{-2}$
仕事率，電力	ワット	W	$m^2 \cdot kg \cdot s^{-3}$
電荷，電気量	クーロン	C	$s \cdot A$
電位差，電圧，起電力	ボルト	V	$m^2 \cdot kg \cdot s^{-3} \cdot A^{-1}$
静電容量	ファラッド	F	$m^{-2} \cdot kg^{-1} \cdot s^4 \cdot A^2$
電気抵抗	オーム	Ω	$m^2 \cdot kg \cdot s^{-3} \cdot A^{-2}$
コンダクタンス	ジーメンス	S	$m^{-2} \cdot kg^{-1} \cdot s^3 \cdot A^2$
磁束	ウェーバ	Wb	$m^2 \cdot kg \cdot s^{-2} \cdot A^{-1}$
磁束密度（磁場）	テスラ	T	$kg \cdot s^{-2} \cdot A^{-1}$
インダクタンス	ヘンリー	H	$m^2 \cdot kg \cdot s^{-2} \cdot A^{-2}$
セルシウス温度	セルシウス度	°C	K
光束	ルーメン	lm	$m^2 \cdot m^{-2} \cdot cd = cd$
照度	ルクス	lx	$m^{-2} \cdot cd$
放射能，崩壊数	ベクレル	Bq	s^{-1}
吸収線量	グレイ	Gy	$m^2 \cdot s^{-2}$
線量当量	シーベルト	Sv	$m^2 \cdot s^{-2}$
触媒活性	カタール	kat	$s^{-1} \cdot mol$

付 録 B　　数学公式

1．三角関数

$$\sin(x+y) = \sin(x)\cos(y) + \cos(x)\sin(y) \tag{B.1}$$

$$\cos(x+y) = \cos(x)\cos(y) - \sin(x)\sin(y) \tag{B.2}$$

$$\sin(x) + \sin(y) = 2\sin\left(\frac{x+y}{2}\right)\cos\left(\frac{x-y}{2}\right) \tag{B.3}$$

$$\sin(x) - \sin(y) = 2\cos\left(\frac{x+y}{2}\right)\sin\left(\frac{x-y}{2}\right) \tag{B.4}$$

$$\cos(x) + \cos(y) = 2\cos\left(\frac{x+y}{2}\right)\cos\left(\frac{x-y}{2}\right) \tag{B.5}$$

$$\cos(x) - \cos(y) = -2\sin\left(\frac{x+y}{2}\right)\sin\left(\frac{x-y}{2}\right) \tag{B.6}$$

$$A\sin(x) + B\cos(x) = \sqrt{A^2+B^2}\sin(x+\alpha) \quad \text{ただし，} \tan(\alpha) = B/A \tag{B.7}$$

$$= \sqrt{A^2+B^2}\cos(x-\beta) \quad \text{ただし，} \tan(\beta) = A/B \tag{B.8}$$

$$e^{ix} = \cos(x) + i\sin(x) \tag{B.9}$$

2．級数展開

$$(1+x)^\alpha = 1 + \alpha x + \frac{\alpha(\alpha-1)}{2!}x^2 + \frac{\alpha(\alpha-1)(\alpha-2)}{3!}x^3 + \cdots \tag{B.10}$$

$$e^x = 1 + x + \frac{1}{2!}x^2 + \frac{1}{3!}x^3 + \cdots \tag{B.11}$$

$$\ln(1+x) = x - \frac{1}{2}x^2 + \frac{1}{3}x^3 - \cdots \tag{B.12}$$

$$\sin(x) = x - \frac{1}{3!}x^3 + \frac{1}{5!}x^5 - \cdots \tag{B.13}$$

$$\cos(x) = 1 - \frac{1}{2!}x^2 + \frac{1}{4!}x^4 - \cdots \tag{B.14}$$

$$\tan(x) = x + \frac{1}{3}x^3 + \frac{2}{15}x^5 + \cdots \tag{B.15}$$

3．微分と積分

$$\frac{d}{dx}\{f(x)\,g(x)\} = \frac{df(x)}{dx}g(x) + f(x)\frac{dg(x)}{dx} \tag{B.16}$$

$$\frac{d}{dx}\left\{\frac{f(x)}{g(x)}\right\} = \frac{\frac{df(x)}{dx}g(x) - f(x)\frac{dg(x)}{dx}}{\{g(x)\}^2} \tag{B.17}$$

$$\frac{d}{dx}\{f(u(x))\} = \frac{df(u)}{du}\frac{du(x)}{dx} \tag{B.18}$$

$$\int_a^b \frac{f(x)}{dx}g(x)\,dx = [f(x)g(x)]_a^b - \int_a^b f(x)\frac{g(x)}{dx}dx \tag{B.19}$$

$$\int_a^b f(x)\,dx = \int_\alpha^\beta f(u(t))\frac{du(t)}{dt}\,dt \quad \text{ただし,}\ u(\alpha)=a,\ u(\beta)=b \tag{B.20}$$

4. 合成関数の偏微分

$$\left(\frac{\partial z(x,y)}{\partial x}\right)_y = \left(\frac{\partial z(u,v)}{\partial u}\right)_v \left(\frac{\partial u(x,y)}{\partial x}\right)_y + \left(\frac{\partial z(u,v)}{\partial v}\right)_u \left(\frac{\partial v(x,y)}{\partial x}\right)_y \tag{B.21}$$

$$\left(\frac{\partial z(x,y)}{\partial y}\right)_x = \left(\frac{\partial z(u,v)}{\partial u}\right)_v \left(\frac{\partial u(x,y)}{\partial y}\right)_x + \left(\frac{\partial z(u,v)}{\partial v}\right)_u \left(\frac{\partial v(x,y)}{\partial y}\right)_x \tag{B.22}$$

$$f(x,y,z)=0\ \text{のとき}\quad \left(\frac{\partial x}{\partial y}\right)_z \left(\frac{\partial y}{\partial z}\right)_x \left(\frac{\partial z}{\partial x}\right)_y = -1 \tag{B.23}$$

表 B.1: 関数の微分と積分

$f(x)$	$\dfrac{df(x)}{dx}$	$\displaystyle\int^x f(x')\,dx'$
$x^n\ (n\neq -1)$	nx^{n-1}	$\dfrac{1}{n+1}x^{n+1}$
$\dfrac{1}{x}$	$-\dfrac{1}{x^2}$	$\ln x$
$\ln(ax)$	$\dfrac{a}{x}$	$x\ln(ax)-ax$
$\sin(ax)$	$a\cos(ax)$	$-\dfrac{1}{a}\cos(ax)$
$\cos(ax)$	$-a\sin(ax)$	$\dfrac{1}{a}\sin(ax)$
e^{ax}	ae^{ax}	$\dfrac{1}{a}e^{ax}$

1) 積分は不定積分であり,積分定数は省略されている.
2) a は定数, $\ln(ax) \equiv \log_e(ax)$, $e^{ax} \equiv \exp(ax)$ とも表す.

付 録 C　物理定数表

表 C.1: 基礎物理定数

名称	記号	数値	単位
真空中の光速 *	c	$2.997\,924\,58 \times 10^8$	m·s^{-1}
磁気定数（真空の透磁率）*	μ_0	$4\pi \times 10^{-7} =$ $12.566\,370\,614\cdots \times 10^{-7}$	N·A^{-2}
電気定数（真空の誘電率）*	ε_0	$1/\mu_0 c^2 =$ $8.854\,187\,817\cdots \times 10^{-12}$	F·m^{-1}
万有引力定数	G	$6.674\,84(80) \times 10^{-11}$	$\text{N·m}^2\text{·kg}^{-2}$
プランク定数	h	$6.620\,6957(29) \times 10^{-34}$	J·s
素電荷	e	$1.602\,176\,565(35) \times 10^{-19}$	C
電子の質量	m_e	$9.109\,382\,91(40) \times 10^{-31}$	kg
陽子の質量	m_p	$1.672\,621\,777(74) \times 10^{-27}$	kg
中性子の質量	m_n	$1.674\,927\,351(74) \times 10^{-27}$	kg
原子質量定数	m_u	$1.660\,538\,921(73) \times 10^{-27}$	kg
アボガドロ定数	N_A	$6.022\,141\,29(27) \times 10^{23}$	mol^{-1}
ボルツマン定数	k	$1.380\,6488(13) \times 10^{-23}$	J·K^{-1}
1 モルの気体定数	$R = N_A k$	$8.314\,4621(75)$	$\text{J·mol}^{-1}\text{·K}^{-1}$
理想気体 1 mol の体積 （1 気圧，0°C）	V_M	$22.413\,968(20) \times 10^{-3}$	$\text{m}^3\text{·mol}^{-1}$

1) * は定義値である．
2) この表の数は化学技術データ委員会（ CODATA ）の基礎物理定数作業部会から発表された "2010 年の調整" の数値である．数値の (··) は不確かさを表す．

表 C.2: その他の数値

名称	数値	単位
地球の赤道半径	6.378×10^6	m
地球の質量	5.974×10^{24}	kg
太陽の赤道半径	6.960×10^8	m
太陽の質量	1.989×10^{30}	kg
月の赤道半径	1.738×10^6	m
月の質量	7.346×10^{22}	kg
地球−太陽間距離（軌道長半径）	1.496×10^{11}	m
地球−月間距離（軌道長半径）	3.844×10^8	m
水素原子のボーア半径	0.529×10^{-10}	m
水素原子のファンデルワールス半径	1.2×10^{-10}	m
酸素原子のファンデルワールス半径	1.5×10^{-10}	m
重力加速度（標準値）*	9.80665	m·s^{-2}
重力加速度（京都大学・国際標準点）	9.7970727	m·s^{-2}
標準大気圧（1 気圧）*	1.01325×10^5	Pa
乾燥空気の密度（0°C, 1 気圧）	1.293	kg·m^{-3}
水の密度（20°C, 1 気圧）	0.998×10^3	kg·m^{-3}
（99°C, 1 気圧）	0.959×10^3	kg·m^{-3}
アルミニウム（20°C）	2.699×10^3	kg·m^{-3}
銅（20°C）	8.69×10^3	kg·m^{-3}
乾燥空気の音速（0°C, 1 気圧）	331.5	m·s^{-1}
水の音速（室温）	1.5×10^3	m·s^{-1}
銅の音速（縦波）	5.01×10^3	m·s^{-1}
（横波）	2.27×10^3	m·s^{-1}
（棒の）	3.75×10^3	m·s^{-1}
窒素の沸点（1 気圧）	77.36	K
銅の凝固点（1 気圧）	1357.77	K
水の比熱容量（20°C）	4.182×10^3	J·K^{-1}·kg^{-1}
銅の比熱容量（20°C）	2.81×10^3	J·K^{-1}·kg^{-1}

1) * は定義値である.

付録 D　　問題解答

0. 準備
0.1 物理量と単位
[1] (a) 3.2×10^7 s　　(b) 1.01325×10^5 Pa　　[2] 9.17×10^2 kg/m^3
[3] 両辺の物理量の次元は等しいことより [LT^{-2}]

0.2 ベクトル
[1] いずれのスカラー積も -1，なす角 θ は $\cos\theta = -1/3$ ($\theta = 109.5°$).
[2] ベクトル積を $\vec{a} \times \vec{b} = (a_x\vec{i} + a_y\vec{j} + a_z\vec{k}) \times (a_x\vec{i} + a_y\vec{j} + a_z\vec{k})$ と表し，加法定理を使って確かめる．
[3] $\vec{a} \times \vec{b} = (1, -1, 1)$, $\vec{b} \times \vec{a} = (-1, 1, -1)$

0.3 微分と積分
[1] $dy/dx = aA\exp(ax)$　　　　　　　　　[2] $dx/dt = a + 2bt$
[3] $\int_0^{\pi/a} A\sin(ax)dx = \left[-\dfrac{A}{a}\cos(ax)\right]_0^{\pi/a} = \dfrac{2A}{a}$
[4] $(\partial p/\partial V)_T = -RT/(V-b)^2 - 2a/V^3$, $(\partial p/\partial T)_V = R/(V-b)$　　　　[5] πa^2

1. 力　学
1.1 質点の運動の表し方
問 題 A
[1] (a) (b) (d)　　　　[2] (c)　　　　[3] (d)　　　　[4] (d)
問 題 B
[1] (a) $\vec{v}(t) = d\vec{r}(t)/dt = (-\omega A\sin(\omega t), \omega B\cos(\omega t))$
　　(b) $\vec{a}(t) = d\vec{v}(t)/dt = (-\omega^2 A\cos(\omega t), -\omega^2 B\sin(\omega t))$
　　(c) 速度の大きさは $|\vec{v}(t)| = \sqrt{\{\omega A\sin(\omega t)\}^2 + \{\omega B\cos(\omega t)\}^2} = \omega B\sqrt{\{(A/B)^2 - 1\}\sin^2(\omega t) + 1}$
　　である．$A > B$ より最も大きい条件は $\sin^2(\omega t) = 1$ であり，$(0, B)$ と $(0, -B)$ の位置である．加速度の大きさについても同様にして，$(A, 0)$ と $(-A, 0)$ の位置となる．
[2] (a) $R\dfrac{d\theta}{dt}\cos\theta$　　(b) $R\dfrac{d^2\theta}{dt^2}\cos\theta - R\left(\dfrac{d\theta}{dt}\right)^2\sin\theta$　　(c) $R\dfrac{d\theta}{dt}$　　(d) $\dfrac{v^2}{R}$

問 題 C
[1] 円運動の加速度の大きさは $|a| = R\omega^2 = v^2/R$ である．数値を代入して
$$|a| = \frac{(60 \times 10^3 \text{ m/h} \div 3600 \text{ s/h})^2}{150\text{m}} = 1.9 \text{ m/s}^2$$
である．重力加速度に対して 19%となる．

1.2 運動の法則
問 題 A
[1] (d)　　　　[2] (d)　　　　[3] (c)　　　　[4] (b)
問 題 B
[1] (a) 運動量の和　　(b) mv_0　　(c) $MV\cos\phi$　　(d) $MV\sin\phi$
　　(e) $\dfrac{m}{M}\sqrt{v_0^2 + v^2 - 2v_0 v\cos\theta}$　　(f) $\dfrac{v\sin\theta}{v_0 - v\cos\theta}$
[2] (a) $\dfrac{h\nu}{c}$　　(b) $\dfrac{h\nu'}{c}\sin\theta$　　(c) $\sin\phi$　　(d) 低い

1.3 自由落下と空気の抵抗を受けた運動
問題 A
[1] (c)　　　　[2] (d)　　　　[3] (a)　　　　[4] (c)

【解説】[2] 選択肢 (b) は運動方程式と合わせて初期条件が必要となる．

問題 B
[1] (a) 0　　　(b) $-mg$　　　(c) $(v_0 \cos\theta, v_0 \sin\theta)$　　　(d) $x\tan\theta - \dfrac{g}{2v_0^2 \cos^2\theta} x^2$

(e) $\pi/2$　　　(f) $\pi/4$

[2] (a) $m\dfrac{dv}{dt} = -mg + \kappa v^2$

(b) 運動方程式を変形して $\left(\dfrac{m}{\kappa}\right) \dfrac{dv}{mg/\kappa - v^2} = dt$ を得る．問題文のヒントを使って部分分数に分けて積分する．

$$\dfrac{1}{2\sqrt{\kappa g/m}} \int^v \left(\dfrac{1}{\sqrt{mg/\kappa}+v'} + \dfrac{1}{\sqrt{mg/\kappa}-v'}\right) dv' = -\int^t dt'$$

$$\dfrac{1}{2\sqrt{\kappa g/m}} \ln\left|\dfrac{\sqrt{mg/\kappa}+v}{\sqrt{mg/\kappa}-v}\right| = -t + C$$

ここで初期条件から $C = 0$ であり，$\sqrt{mg/\kappa} + v > 0$ となることも以下で分かるので次の式を得る．

$$v(t) = -\left(\sqrt{\dfrac{mg}{\kappa}}\right) \dfrac{1 - e^{-2\sqrt{\kappa g/m}\,t}}{1 + e^{-2\sqrt{\kappa g/m}\,t}}$$

(c) $t \to \infty$ のとき $e^{-2\sqrt{\kappa g/m}\,t} = 0$ であるから，(b) より終端速度は $v_\infty = -\sqrt{mg/\kappa}$．また，(a) の運動方程式の左辺が 0 からも得られる．

(d) t が十分に小さいとき $e^{-2\sqrt{\kappa g/m}\,t} = 1 - 2\sqrt{\kappa g/m}\,t$ である．(b) の分子と分母に代入して，t の比例する項までとして $v(t) = -gt$ となる．

問題 C
[1] 慣性抵抗を受けて落下する物体の終端速度の大きさは，問題 B [2] より $|v_\infty| = \sqrt{mg/\kappa}$ である．

直径 2 mm の雨滴の質量は 4.2×10^{-6} kg であり，数値を代入して，終端速度は 6.4 m/s となる．

1.4 単振動
問題 A
[1] (d)　　　　[2] (c) (d)　　　　[3] (d)　　　　[4] (a)

問題 B
[1] (a) $-mg\sin\theta$　　　(b) $\ell\theta$　　　(c) $-\dfrac{g}{\ell}\theta$　　　(d) $2\pi\sqrt{\ell/g}$

[2] (a) $\mu' mg$　　　(b) $\dfrac{\mu' mg}{k}$　　　(c) $\left(A - \dfrac{\mu' mg}{k}\right)$　　　(d) $\dfrac{\mu' mg}{k}$　　　(e) $\pi\sqrt{\dfrac{m}{k}}$

(f) 変化しない

問題 C
[1] 振り子の周期は振り子の糸の長さを ℓ として $T = 2\pi\sqrt{\ell/g}$ と与えられる．数値を代入して，フーコーの振り子の周期は 16 s となる．

1.5 仕 事
問題 A
[1] (a) (b)　　　　[2] (c)　　　　[3] (b)　　　　[4] (c)

問題 B
[1] (a) 0　　　(b) αb　　　(c) 0　　　(d) αab　　　(e) 0

[2] 原点から点 P までの経路では $y = \dfrac{b}{a}x$ の関係がある．したがって

$$W = \int_0^a \alpha y\, dx + \int_0^b \beta x\, dy = \int_0^a \alpha \dfrac{b}{a} x\, dx + \int_0^b \beta \dfrac{a}{b} y\, dy = \dfrac{(\alpha+\beta)ab}{2}$$

1.6 位置エネルギー

問題 A

[1] (c)   [2] (c)   [3] (b)   [4] (b)

問題 B

[1] (a) 垂直   (b) 0   (c) 平行   (d) $G\dfrac{Mm}{r^2}$ (d) $\dfrac{1}{r_A} - \dfrac{1}{r_B}$ (f) $-G\dfrac{Mm}{r}$

[2] (a) x 方向の運動方程式 $m\dfrac{d^2x}{dt^2} = -2ax$, y 方向の運動方程式 $m\dfrac{d^2y}{dt^2} = -8ay$

(b) x 方向と y 方向の運動方程式は単振動の式である．初期条件を考えて次の式を得る．
$$x(t) = C\cos\left(\sqrt{2a/m}\,t\right), \quad y(t) = D\cos\left(2\sqrt{2a/m}\,t\right)$$

(c) $\cos(2\sqrt{2a/m}\,t) = 2\cos^2(\sqrt{2a/m}\,t) - 1$ の関係を使って $y = \dfrac{2D}{C^2}x^2 - D$ を得る．

問題 C

[1] 万有引力定数は $G = 6.67 \times 10^{-11}$ N·m^{-2}kg^{-2} であり，地球の表面に 1 kg の小物体を置くときの位置エネルギーは
$$U_E = -6.67 \times 10^{-11}\text{ N·m}^{-2}\text{kg}^{-2} \times \dfrac{(5.97 \times 10^{24}\text{ kg}) \times 1\text{ kg}}{6.37 \times 10^6\text{ m}} = -6.25 \times 10^7\text{ J}$$
となる．同様にして月の表面に 1 kg の小物体を置くときは，$U_M = -2.82 \times 10^6$ J となる．

1.7 運動エネルギー

問題 A

[1] (b)   [2] (b)   [3] (d)   [4] (c)

問題 B

[1] (a) $-\lambda v$ (b) $v_0 e^{-(\lambda/m)t}$ (c) $-\lambda v_0^2 e^{-2(\lambda/m)t}$ (d) $\dfrac{1}{2}mv_0^2 e^{-2(\lambda/m)t}$ (e) $\dfrac{1}{2}mv_0^2$

[2] (a) 運動量の和   (b) 弾性衝突   (c) $\dfrac{1}{2}mv_0^2 + \dfrac{1}{2}mV_0^2 = \dfrac{1}{2}mv^2 + \dfrac{1}{2}mV^2$

(d) V_0 (e) v_0 (f) 交換する

問題 C

[1] 単位時間あたりに風車を通り抜ける風の質量は
$$L = 1.2\text{ kg/m}^3 \times (3.14 \times 26\text{ m})^2 \times 16\text{ m/s} = 4.1 \times 10^4\text{ kg/s}$$
である．単位時間あたりに通り抜ける風の運動エネルギーは
$$P = \dfrac{1}{2}Lv^2 = \dfrac{1}{2} \times (4.1 \times 10^4\text{ kg/s}) \times (16\text{ m/s})^2 = 5.3 \times 10^6\text{ J/s} = 5.3 \times 10^3\text{ kW}$$
である．したがって，電気エネルギーに変換している割合は 16%となる．

1.8 力学的エネルギーとその保存

問題 A

[1] (c)   [2] (b)   [3] (b)   [4] (d)

問題 B

[1] (a) 万有引力が円運動の**向心力**（円運動の原因となる中心向きの力）であり，速さを v として
$G\dfrac{Mm}{R^2} = m\dfrac{v^2}{R}$ より $v = \sqrt{GM/R}$．

(b) 運動エネルギー $\dfrac{1}{2}mv^2$ より $\dfrac{GMm}{2R}$ (c) $-\dfrac{GMm}{R}$ (d) $-\dfrac{GMm}{2R}$

[2] (a) おもりの運動方程式は $m(d^2y(t)/dt^2) = -ky(t) - mg$ である．ここで $x(t) = y(t) + mg/k$ と変換することで，単振動の運動方程式 $m(d^2x(t)/dt^2) = -kx(t)$ となる．初期条件は
$x(0) = -a$, $(dx/dt)|_{t=0} = 0$ から，おもりの運動は $x(t) = -a\cos\left(\sqrt{k/m}\,t\right)$ が得られ，
$y(t) = -a\cos\left(\sqrt{k/m}\,t\right) - mg/k$ と求まる．

(b) はねの位置エネルギー $U_s = \dfrac{1}{2}k\{y(t)\}^2 = \dfrac{1}{2}k\left\{a\cos\left(\sqrt{k/m}\,t\right) + mg/k\right\}^2$
重力の位置エネルギー $U_g = mgy(t) = -mg\left\{a\cos\left(\sqrt{k/m}\,t\right) + mg/k\right\}$

(c) 運動エネルギー $K = \frac{1}{2}m\{dy(t)/dt\}^2 = \frac{1}{2}k\left\{a\sin\left(\sqrt{k/m}\,t\right)\right\}^2$

(d) 力学的エネルギーは $E = K + U_s + U_g$ であるので，それぞれを代入することで次を得る．
$$E = \frac{1}{2}ka^2 - \frac{(mg)^2}{2k}$$

問題 C

[1] 力学的エネルギーの保存則から最大落差を h として $mgh = \frac{1}{2}mv^2$ が得られる．したがって，最下点での速さは $v = \sqrt{2gh}$ である．数値を代入して 42.8 m/s，時速では 154 km/h となる．

1.9 角運動量

問題 A

[1] (a) (b)　　　　[2] (c)　　　　[3] (b)　　　　[4] (a)

問題 B

[1] (a) $\ell(t) = m\vec{r}(t) \times \vec{v}(t) = m(\,A\cos\omega t,\,B\sin\omega t\,,0\,) \times (\,-\omega A\sin\omega t,\,\omega B\cos\omega t\,,0\,) = (\,0,\,0,\,mAB\omega\,)$
角運動量は時刻によらず一定である．

(b) $\vec{F}(t) = m\{d^2r(t)/dt^2\} = -m\,(\,\omega^2 A\cos\omega t,\,\omega^2 B\sin\omega t\,,0\,)$ であり，$\vec{r}(t)$ と反平行なので中心力である（原点まわりの角運動量が時刻によらず一定であることからも中心力であることが分かる）．

[2] (a) 小物体に作用する力は中心力であり，角運動量は変化しない．

(b) $mr_1v_1 = mr_2v_2$ より $v_2 = v_1(r_1/r_2)$　　(c) $\frac{1}{2}mv_2^2 - \frac{1}{2}mv_1^2 = \frac{1}{2}mv_1^2(r_1^2/r_2^2 - 1)$

(d) 半径 r のときの円運動の向心力は $F = -mv^2/r$ である．また $v = v_1(r_1/r)$ を使って
$$W = -\int_{r_1}^{r_2} mv_1^2 r_1^2 \left(\frac{1}{r^3}\right) dr = \frac{1}{2}mv_1^2(r_1^2/r_2^2 - 1)$$

問題 C

[1] 質量 m の天体が太陽の万有引力を受けて半径 R の円運動をするとき万有引力が円運動の向心力であるので，太陽の質量を M として $m\frac{v^2}{R} = G\frac{Mm}{R^2}$ が成り立つ．したがって，天体の速さ $v = \sqrt{GM/R}$ より角運動量の大きさは $L = Rmv = m\sqrt{GMR}$ である．地球と木星の公転運動はほぼ円運動である．地球の公転の角運動量の大きさに対する木星の公転の角運動量は次となる．

$$\frac{m_J}{m_E}\sqrt{\frac{R_J}{R_E}} = 317 \times \sqrt{5.20} = 723$$

2. 波　動

2.1 波の表し方

問題 A

[1] (a) 縦波　　(b) 垂直　　[2] (d)　　　　[3] (d)　　　　[4] (b)

問題 B

[1] (a) $x = 0$ と $x = 1$ が同位相である．したがって，n を自然数として $u(x,t) = A\sin(-2\pi nx + \omega t)$.
【解説】n が負の整数の場合は，波が負の方向に進んでいる．

[2] (a) $u(x_0, t) = A\sin\left(2\pi\frac{x_0}{\lambda} - 2\pi\frac{t}{T}\right)$

(b) $u(x_0 + Vt, t) = A\sin\left\{2\pi\frac{x_0}{\lambda} - 2\pi\left(\frac{1}{T} - \frac{V}{\lambda}\right)t\right\}$

(c) 静止した観測者の振動数は $f = \frac{1}{T}$，移動している観測者の振動数は $f' = \left(\frac{1}{T} - \frac{V}{\lambda}\right)$ である．また，波の速さは $v = \lambda/T$ であるので $f' = (1 - V/v)f$ となる．

問題 C
[1] 光速と波長，振動数には $c = \lambda f$ の関係が成り立つ．数値を代入して，振動数は
$$f = (3.00 \times 10^8 \text{ ms}^{-1})/(633 \times 10^{-9} \text{ m}) = 4.74 \times 10^{14} \text{ Hz} \text{ である．}$$

2.2 波動方程式とその性質
問題 A
[1] (a) (b) (c)   [2] (a)   [3] (c)   [4] (a) (b) (d)

問題 B
[1] (a) $\dfrac{\partial^2 y(x,t)}{\partial t^2}$ (b) $\sigma \Delta x$ (c) $S \cdot \dfrac{\partial y(x+\Delta x, t)}{\partial x}$ (d) $S\left\{\dfrac{\partial y(x+\Delta x, t)}{\partial x} - \dfrac{\partial y(x,t)}{\partial x}\right\}$

[2] (a) 体積 V の気体の質量を M とすると密度 $\rho = M/V = M(p/nRT)$ である．気体の音速は波動方程式より $v = \sqrt{\gamma p/\rho} = \sqrt{\gamma nRT/M}$．したがって圧力によらない．
(b) x が十分に小さいとき $\sqrt{1+x} = 1 + (1/2)x$ と近似できる．(a) より
$$v + \Delta v = \sqrt{\gamma nR(T+\Delta T)/M} = \sqrt{\gamma nRT/M}\{1 + \Delta T/(2T)\}. \text{ したがって，} \Delta v/v = \Delta T/(2T).$$

問題 C
[1] 横波の速さは $v = \sqrt{S/\sigma}$ である．数値を代入して糸電話の横波の速さを求めると
$$v = \sqrt{(2 \text{ N})/(7.3 \times 10^{-4} \text{ kg} \cdot \text{m})} = 52 \text{ m/s} \text{ となる．測定されている音速は 800-900 m/s であり，計算}$$
された横波より 1 桁以上速い．したがって縦波であると考えられる．

2.3 波の運ぶエネルギー
問題 A
[1] (a) (b)   [2] (c)   [3] (a)   [4] (b)

【解説】[2][3] 弦を伝わる波の速さは $v = \sqrt{S/\sigma}$（ここで σ は線密度）であり，角振動数は $\omega = 2\pi v/\lambda$ の関係がある．

問題 B
[1] 任意の大きさの球面の表面から外向きに運ばれる波のエネルギーは等しい．球面の表面積は半径 r に対して r^2 で増加することから，$n = 1$ を得る．

[2] (a) 運動エネルギー (b) $\dfrac{\partial u(x,t)}{\partial t}$ (c) $\dfrac{\partial u(x,t)}{\partial x}$ (d) $\dfrac{1}{2}A^2\omega^2\sigma$

【解説】(d) では $\omega = vk = k\sqrt{S/\sigma}$ の関係を利用した．

2.4 基準振動と定常波
問題 A
[1] (a) 波長（振動数） (b) 腹 (c) 節 (d) 1/2   [2] (c) (d)   [3] (a)   [4] (d)

問題 B
[1] $u(x,t) = 2A\sin\left(\dfrac{2\pi}{\lambda}x + \dfrac{\phi}{2}\right)\cos\left(\dfrac{2\pi}{T}t + \dfrac{\phi}{2}\right)$ と変形できるので，節の位置は n を整数として
$$x = \lambda\left(\dfrac{n}{2} - \dfrac{\phi}{4\pi}\right).$$

[2] (a) $g(x)\cos(\omega t)$ (b) $\dfrac{S}{\sigma}\dfrac{d^2 g(x)}{dx^2}$ (c) または (d) $\cos\left(\sqrt{\omega^2\sigma/S}\,x\right)$, $\sin\left(\sqrt{\omega^2\sigma/S}\,x\right)$
(e) 0   (f) 自然数

問題 C
[1] (a) 空気の屈折率を n_A，ガラスの屈折率を n_G とすると，振幅比は
$$|(n_A - n_G)/(n_A + n_G)| = 0.52/2.52 = 0.21 \text{ である．}$$
(b) 反射率は振幅比の 2 乗であるので $(0.21)^2 = 0.04$ となる．

2.5 波の反射と透過
問題 A
[1] (a) 自由端 (b) A (c) $2A$ [2] (c)   [3] (a)   [4] (a) (b)

【解説】[2][3] 固定端では端点の変位が 0，自由端では端点の変位が 2 倍となることに注意する．
問題 B
[1] (a) $u_r(x,t) = -A\sin\left(2\pi\dfrac{x}{\lambda} + 2\pi\dfrac{t}{T}\right)$
   (b)
   $u(x,t) + u_r(x,t) = A\left\{\sin\left(2\pi\dfrac{x}{\lambda} - 2\pi\dfrac{t}{T}\right) - \sin\left(2\pi\dfrac{x}{\lambda} + 2\pi\dfrac{t}{T}\right)\right\} = -2A\cos\left(2\pi\dfrac{x}{\lambda}\right)\sin\left(2\pi\dfrac{t}{T}\right)$
   より，最大振幅は $2A$．
   (c) $x = -\dfrac{1}{4}\lambda,\ -\dfrac{3}{4}\lambda,\ -\dfrac{5}{4}\lambda,\ \cdots$
[2] (a) $\sin(k_1 x + \omega t)$　　(b) ωt　　(c) $u(x,t)$　　(d) $\sqrt{E/\rho}$　　(e) $2\rho_1 v_1/(\rho_1 v_1 + \rho_2 v_2)$

2.6 平面波と球面波
問題 A
[1] (a) (d)　　[2] (a)　　[3] (c)　　[4] (a)
問題 B
[1] (a) $u_1(x,y,t) + u_2(x,y,t) = 2A\sin\left\{\dfrac{k}{2}(x+y) + \omega t\right\}\cos\left\{\dfrac{k}{2}(x-y)\right\}$．定常波の腹となる条件は $\cos$ の項の絶対値が 1 である．したがって $x - y = 0$ は腹の条件を満たす．
   (b) 腹の間隔は $x - y = 0$, $x - y = 2\pi/k$ の直線間の距離であり，$\sqrt{2}\pi/k$．
[2] (a) 入射　　(b) 反射　　(c) k_{y2}　　(d) $\dfrac{\sin\theta_i}{\sin\theta_t}$
問題 C
[1] 半径 R の球面を考えるとき，その球面から半径によらず単位時間あたり一定の電磁波のエネルギーが通過する．したがって，50 km 離れた地点での単位時間に単位面積では次のとなる．
$$\dfrac{10\ \text{kW}}{4\pi \times (50 \times 10^3\ \text{m})^2} = 1.5 \times 10^3\ \text{W/m}^2$$

3 熱　学
3.1 温度と状態方程式
問題 A
[1] (a) アボガドロ　　(b) 6.022×10^{23}（個）　　(c) 12　　[2] (d)　　[3] (c)　　[4] (a)
【参考】[3] 問題で示した状態図は二酸化炭素（CO_2）である．
【解説】[4] 一般に圧力に対する体積の減少は液体より気体が大きい．
問題 B
[1] (a) dT　　(b) $\left(\dfrac{\partial V}{\partial p}\right)_T$　　(c) $V\beta dT - V\kappa dp$　　(d) $\dfrac{\beta}{\kappa}$
[2] (a) 体積が十分に大きいときは，$a/V^2 \to 0$，$V - b \to V$ となり，理想気体の状態方程式となる．
   (b) $\left(\dfrac{\partial p}{\partial V}\right)_T = \left(\dfrac{\partial^2 p}{\partial V^2}\right)_T = 0$ の条件が臨界点である．$pV - pb + \dfrac{a}{V} - \dfrac{ab}{V^2} = RT$ より，
   $\left(\dfrac{\partial p}{\partial V}\right)_T V + p - \dfrac{a}{V^2} + 2\dfrac{ab}{V^3} = 0,$
   $\left(\dfrac{\partial^2 p}{\partial V^2}\right)_T V + \left(\dfrac{\partial p}{\partial V}\right)_T + \left(\dfrac{\partial p}{\partial V}\right)_T + 2\dfrac{a}{V^3} - 6\dfrac{ab}{V^4} = 0$
   を得る．臨界点の条件を代入して，$T_c = 8a/(27bR)$, $p_c = a/(27b^2)$, $V_c = 3b$．
問題 C
[1] 体積 V，圧力 p，温度 T の気体の質量を m とするとき，状態方程式は $pV = \dfrac{m}{M}RT$ と表される．ここで，M は気体分子の分子量である．密度は m/V であり，数値を大代入して
$$\dfrac{m}{V} = \dfrac{Mp}{RT} = \dfrac{(1.0 \times 10^{-3}\ \text{kg/mol}) \times (2.5 \times 10^{11}\ \text{atm}) \times (1.0 \times 10^5\ \text{Pa/atm})}{(8.3\ \text{J·mol}^{-1}\text{·K}^{-1}) \times (1.5 \times 10^7\ \text{K})} = 2.0 \times 10^5\ \text{kg/m}^3$$
となる．

3.2 熱力学の第1法則
問題 A
[1] (a) ジュール (b) 4.18605 [2] (c) [3] (c) [4] (c)

問題 B
[1] (a) $2mv$ (b) $\dfrac{2\ell}{v}$ (c) $\dfrac{mv^2}{\ell}$ (d) $\dfrac{1}{3}N\dfrac{mv^2}{\ell^3}$ (e) $pV = \dfrac{N}{N_A}RT$ (f) $\dfrac{3N}{2N_A}RT$

[2] 表面張力と釣り合う力がする仕事なので，外部から表面にする仕事は $\Delta W^{\text{in}} = \gamma \Delta A$.

3.3 熱容量
問題 A
[1] (a) (c) [2] (c) [3] (a) [4] (c)

【解説】[1] 0° の水と氷が共存している状態のように熱を加えても温度が上昇しない場合がある．

問題 B
[1] (a) 熱力学の第1 (b) $p\,dV$ (c) dV (d) $\left(\dfrac{\partial U}{\partial V}\right)_T$ (e) $\left(\dfrac{\partial U}{\partial T}\right)_V$

(f) $\left\{\left(\dfrac{\partial U}{\partial V}\right)_T + p\right\}$ (g) $\left\{\left(\dfrac{\partial U}{\partial V}\right)_T + p\right\}\left(\dfrac{\partial V}{\partial T}\right)_p$

[2] エンタルピーの温度での偏微分を計算し，内部エネルギーは体積 V と温度 T の関数を使う．
$$\left(\dfrac{\partial H}{\partial T}\right)_p = \left(\dfrac{\partial U}{\partial T}\right)_p + p\left(\dfrac{\partial V}{\partial T}\right)_p = \left\{\left(\dfrac{\partial U}{\partial T}\right)_V + \left(\dfrac{\partial U}{\partial V}\right)_T\left(\dfrac{\partial V}{\partial T}\right)_p\right\} + p\left(\dfrac{\partial V}{\partial T}\right)_p = C_p$$

問題 C
[1] 水が落下することによって位置エネルギーが熱エネルギーとなる．1 kg の水が 133 m の落下で得る熱エネルギーは $1\text{ kg} \times 9.8\text{ m/s}^2 \times 133\text{ m} = 1.3 \times 10^3$ J/kg．したがって，温度上昇は $(1.3 \times 10^3\text{ J}\cdot\text{kg}^{-1})/(4.2 \times 10^3\text{ J}\cdot\text{K}^{-1}\cdot\text{kg}^{-1}) = 0.31$ K である．

3.4 等温過程と断熱過程
問題 A
[1] (a) [2] (a) [3] (d) [4] (a)

問題 B
[1] (a) $p = p_i V_i / V$

(b) $W^{\text{in}} = -\displaystyle\int_{V_i}^{V_f} p\,dV = -p_i V_i \int_{V_i}^{V_f}\dfrac{dV}{V} = -p_i V_i \ln\dfrac{V_f}{V_i}$

(c) 理想気体の内部エネルギーは温度のみの関数である．熱力学の第1法則より，
$$Q^{\text{in}} = -W^{\text{in}} = p_i V_i \ln\dfrac{V_f}{V_i}.$$

[2] (a) 仕事 (b) $-p\,dV$ (c) $c_V\,dT$ (d) $-\dfrac{1}{V}$ (e) $T^{c_V/R}V$

3.5 熱機関とカルノーサイクル
問題 A
[1] (a) (c) [2] (c) [3] (b) [4] (a) (b)

問題 B
[1] (a) 断熱圧縮 (b) $nRT_h \ln\dfrac{V_2}{V_1}$ (c) 変化しない (d) $(T_h - T_c)$

(e) $nRT_h \ln\dfrac{V_2}{V_1} - nRT_c \ln\dfrac{V_3}{V_4}$ (f) $nRT_h \ln\dfrac{V_2}{V_1}$ (g) $V_1/V_2 = V_4/V_3$

[2] (a) $\dfrac{W}{Q_h} = 1 - \dfrac{T_c}{T_h}$ (b) $Q_c = \dfrac{T_c}{T_h - T_c}W$ (c) $\dfrac{1 - \eta_c}{\eta_c}$

問題 C
[1] カルノーサイクルの熱効率は $\eta_c = (T_h - T_c)/T_h$ である．数値を代入して
$\eta_c = (373\text{ K} - 300\text{ K})/373\text{ K} = 0.20$ となる．したがって，ワットの熱機関の熱効率のカルノーサイクルに対する比は $0.07 / 0.20 = 0.35$ であり，35%である．

3.6 熱力学の第 2 法則
問題 A
[1] (a) 永久機関　　(b) 熱力学の第 1 法則　　(c) 第 2 種永久機関
[2] (b) (d)　　　[3] (c) (d)　　　[4] (b)
問題 B
[1] (a) 冷凍機（ヒートポンプ）　　(b) 仕事　　(c) 高温
[2] (a) $Q'^{\text{in}} = \dfrac{T_c}{T_h - T_c} W$　　(b) $Q'^{\text{out}} = \dfrac{T_h}{T_h - T_c} W$

(c) クラウジウスの原理より，影響を残さないで起る過程は高温から低温への熱の移動である．

(d) $T_h > T_c$ より，$\dfrac{Q^{\text{in}} - Q'^{\text{out}}}{T_h} \leqq \dfrac{Q^{\text{out}} - Q'^{\text{in}}}{T_c}$．したがって　$\dfrac{Q^{\text{in}}}{T_h} - \dfrac{Q^{\text{out}}}{T_c} \leqq \dfrac{Q'^{\text{out}}}{T_h} - \dfrac{Q'^{\text{in}}}{T_c} = 0$．

【参考】一般に熱機関では，各熱源で受け取った熱量を Q_i として $\sum Q_i/T_i \leqq 0$ が成り立つ．この式を**クラウジウスの不等式**と呼ぶ．

3.7 エントロピー
問題 A
[1] (b)　　　[2] (c)　　　[3] (d)　　　[4] (a)
問題 B
[1] (a) 熱と仕事の出入りがないので内部エネルギーは変化しない．また理想気体の内部エネルギーは温度のみの関数である．したがって，温度は変化せず T_0 である．

(b) エントロピーは準静的過程で計算しなければならない．この過程は準静的な等温膨張と終わりの状態が同じである．また，準静的な等温膨張では $d'Q_r = -d'W = p\,dV$ である．したがって，$\Delta S = \int_{V_i}^{V_f} p\,dV$．理想気体の状態方程式を使って $\Delta S = RT_0 \ln(V_f/V_i)$．

[2] (a) $C\dfrac{\Delta T}{T}$　　(b) $C\ln\dfrac{T_f}{T_i}$　　(c) $C\ln\dfrac{T_f^2}{T_A T_B}$

4. 電磁気学
4.1 クーロンの法則と電場
問題 A
[1] (a) 素電荷　　(b) 1.60×10^{-19}　　(c) A·s　　(d) 6.26×10^{18}
[2] (a) (c) (d)　　　[3] (a)　　　[4] (b)
【解説】$-q$ の位置より $+q$ の位置での電場の大きさが大きいために，合力は右向きとなる．

問題 B
[1] (a) $\vec{E}_q =$
$\left(\dfrac{q\,x}{4\pi\varepsilon_0\{(x-d/2)^2 + y^2 + z^2\}^{3/2}},\ \dfrac{q\,y}{4\pi\varepsilon_0\{(x-d/2)^2 + y^2 + z^2\}^{3/2}},\ \dfrac{q\,z}{4\pi\varepsilon_0\{(x-d/2)^2 + y^2 + z^2\}^{3/2}} \right)$

(b) $\vec{E}_{-q} =$
$\left(\dfrac{-q\,x}{4\pi\varepsilon_0\{(x+d/2)^2 + y^2 + z^2\}^{3/2}},\ \dfrac{-q\,y}{4\pi\varepsilon_0\{(x+d/2)^2 + y^2 + z^2\}^{3/2}},\ \dfrac{-q\,z}{4\pi\varepsilon_0\{(x+d/2)^2 + y^2 + z^2\}^{3/2}} \right)$

(c) $\vec{E} = \vec{E}_q + \vec{E}_{-q}$

(d) $\dfrac{1}{\{(x-d/2)^2 + y^2 + z^2\}^{3/2}} = \dfrac{1}{(x^2 + y^2 + z^2 - xd + d^2/4)^{3/2}}$

$\approx \dfrac{1}{(x^2 + y^2 + z^2)^{3/2}} \left\{ 1 + \dfrac{3xd}{2(x^2 + y^2 + z^2)} \right\}$ より

$\vec{E} = \left(\dfrac{3q\,x^2 d}{4\pi\varepsilon_0 (x^2 + y^2 + z^2)^{5/2}},\ \dfrac{3q\,xyd}{4\pi\varepsilon_0 (x^2 + y^2 + z^2)^{5/2}},\ \dfrac{3q\,zxd}{4\pi\varepsilon_0 (x^2 + y^2 + z^2)^{5/2}} \right)$

[2] (a) 対称性　　(b) 垂直　　(c) $\sigma \cdot 2\pi a\,\delta a$　　(d) $\dfrac{\sigma a r\,\delta a}{2\varepsilon_0 (r^2 + a^2)^{3/2}}$　　(e) 積分　　(f) $\dfrac{\sigma}{2\varepsilon_0}$

問題 C
[1] 導体表面の面電荷密度の作る電場の大きさは，$E = \sigma/\varepsilon_0$ より

$\sigma = 8.9 \times 10^{-12}$ F/m $\times 100$ N/C $= 9.0 \times 10^{-10}$ C/m^2

4.2 ガウスの法則

問題 A

[1] (c)   [2] (b)   [3] (b)   [4] (a)

問題 B

[1] (a) 対称性より電場は板の表面に垂直であり，その大きさは表面からの距離のみの関数である．表面に平行な上面と底面を持つ円筒形の閉曲面にガウスの法則を用いる．電場の大きさを E，上面（底面）の面積を S とし，板に垂直に z 軸，原点を板の中央に取ることで

$$2ES = \begin{cases} \rho 2Sz/\varepsilon_0 & (|z| \leq d/2) \\ \rho Sd/\varepsilon_0 & (|z| > d/2) \end{cases}$$

が得られる．したがって，電場の大きさは次の式となる．

$$E = \begin{cases} \rho z/\varepsilon_0 & (|z| \leq d/2) \\ \rho d/(2\varepsilon_0) & (|z| > d/2) \end{cases}$$

[2] (a) 対称性   (b) 垂直   (c) $2\pi rhE$ (d) $\rho\pi a^2 h$ (e) $\rho\pi r^2 h$ (f) $\dfrac{\pi a^2 \rho}{2\pi\varepsilon_0 r}$ (g) $\dfrac{\pi r \rho}{2\pi\varepsilon_0}$

問題 C

[1] 半径 a の球内に一様に分布した電荷 $+e$ が，球の中心から距離 $r\,(<a)$ の位置に作る電場は，球の中心から外向きの方向を持ち，その大きさは，

$$E = \frac{e}{4\pi\varepsilon_0}\frac{r}{a^3}$$

となる．この位置にある点電荷 $-e$ に作用する力は中心向きで，中心からの距離に比例する．したがって，点電荷の運動方程式は

$$m\frac{d^2 r}{dt^2} = -\frac{e^2}{4\pi\varepsilon_0 a^3}\,r$$

となり単振動をする．数値を代入すると，ばね定数は 1.54×10^3 N/m，振動数は 6.6×10^{15} Hz である．

【参考】原子は特定の振動数の光を放射する（線スペクトルと呼ぶ）．水素原子が放射する最も短波長の光の振動数は 3.3×10^{15} Hz である．

4.3 電 位

問題 A

[1] (a) 1 J 1.60×10^{-19} J   [2] (b) (c)   [3] (b)   [4] (c)

問題 B

[1] (a) $V_q = \dfrac{q}{4\pi\varepsilon_0\sqrt{(x-d/2)^2 + y^2 + z^2}}$

(b) $V_q + V_{-q} = \dfrac{q}{4\pi\varepsilon_0\sqrt{(x-d/2)^2 + y^2 + z^2}} + \dfrac{q}{4\pi\varepsilon_0\sqrt{(x+d/2)^2 + y^2 + z^2}}$

(c) $\dfrac{1}{\sqrt{(x-d/2)^2 + y^2 + z^2}} \approx \dfrac{1}{\sqrt{(x^2 + y^2 + z^2)}}\left(1 + \dfrac{xd}{2(x^2 + y^2 + z^2)}\right)$ より，

$$V = \frac{qdx}{4\pi\varepsilon_0\{x^2 + y^2 + z^2\}^{3/2}}$$

(d) $\vec{E} = (-\partial V/\partial x, -\partial V/\partial y, -\partial V/\partial z,\,)$ より，

$$\vec{E} = \left(\frac{3q\,x^2 d}{4\pi\varepsilon_0(x^2+y^2+z^2)^{5/2}},\, \frac{3q\,xyd}{4\pi\varepsilon_0(x^2+y^2+z^2)^{5/2}},\, \frac{3q\,zxd}{4\pi\varepsilon_0(x^2+y^2+z^2)^{5/2}}\right)$$

なお，この結果は 4.1 問題 B [1] と同じである．

[2] 半径 a の金属パイプの内側には電場がないことに注意して，$V(r) = -\displaystyle\int_b^r E(r)\,dr$ を計算する．

$$V(r) = \begin{cases} \dfrac{\lambda}{2\pi\varepsilon_0}\ln\dfrac{b}{a} & (r \leq a) \\ \\ \dfrac{\lambda}{2\pi\varepsilon_0}\ln\dfrac{b}{r} & (a < r \leq b) \end{cases}$$

問題 B
[1] 13.6 V の電位差に対応する電子の位置エネルギーは，無限遠を基準とすると，
1.6×10^{-19} C $\times (-13.6$ V$) = -2.18 \times 10^{-18}$ J である．電子が中心から距離 r の位置で静止しているとした場合には，位置エネルギー $U = e^2/(4\pi\varepsilon_0 r)$ から，$r = 1.1 \times 10^{-10}$ m である．

一方，円運動をしている場合には，クーロン力が円運動の向心力となっているので電子の速さは $v = \sqrt{e^2/(4\pi\varepsilon_0 mr^2)}$ であり，力学的エネルギー $E = \frac{1}{2}mv^2 + U = e^2/(8\pi\varepsilon_0 r)$ から，$r = 0.53 \times 10^{-10}$ m である．

[2] 電荷密度は $\dfrac{\lambda}{2\pi\epsilon_0} \ln \dfrac{b}{a} = 500$ V より，$\lambda = 6.0 \times 10^{-9}$ C/m である．

電場は $E(r) = \dfrac{\lambda}{2\pi\epsilon_0} \dfrac{1}{r} = \dfrac{500 \text{ V}}{\ln(b/a)} \cdot \dfrac{1}{r}$ より，金属線表面では 5.4×10^5 V/m，金属円筒の内側表面では 5.4×10^3 V/m である．

4.4 静電容量
問題 A
[1] (c)　　　　[2] (a)　　　　[3] (d)　　　　[4] (a)

問題 B
[1] (a) 垂直　　(b) $\dfrac{\sigma}{\varepsilon_0}$　　(c) $\dfrac{\sigma d}{\varepsilon_0}$　　(d) σS　　(e) $\dfrac{\varepsilon_0 S}{d}$

[2] (a) 対称性より電場は中心から外向きであり，中心からの距離のみの関数である．半径 r の球面を閉曲面にガウスの法則を使うことで電場の大きさは $E(r) = \dfrac{Q}{4\pi\varepsilon_0 r^2}$．

(b) $V = \dfrac{Q}{4\pi\varepsilon_0}\left(\dfrac{1}{a} - \dfrac{1}{b}\right)$　　(c) $C = \dfrac{Q}{V} = \dfrac{4\pi\varepsilon_0 ab}{b-a}$

(d) 球の表面積は $a \approx b$ のとき $S \approx 4\pi ab$，また 2 面の間隔は $d = b - a$ であるので平板キャパシターと一致する．

問題 C
[1] 電場の大きさを E，ドアノブと指の間隔を d として電位差は $V = Ed$ となる．数値を代入して，
$V = (3 \times 10^6$ N$\cdot$C$^{-1}) \times (1 \times 10^{-3}$ m$) = 3 \times 10^3$ V である．また，蓄えられた電荷は静電容量を C として $Q = CV$ となり，$Q = (100$ pF$) \times (3 \times 10^3$ V$) = 3 \times 10^{-7}$ C である．

[2] 電極の面積を S，間隔を d として平板キャパシターの静電容量は $C = \dfrac{\varepsilon_0 S}{d}$，また，電位差を V として蓄えられた電荷は $Q = CV$ となる．数値を代入して次の値である．
$$Q = \dfrac{(8.85 \times 10^{-12} \text{ F}\cdot\text{m}^{-1}) \times (1 \times 10^6 \text{ m}^2)}{2 \times 10^3 \text{ m}^2} \times (2 \times 10^8 \text{ V}) = 0.9 \text{ C}$$

4.5 ビオ–サバールの法則と磁場
問題 A
[1] (a) 斥力　　(b) $\pi/2$（90°）　　(c) 2×10^{-7} N　　[2] (c)　　[3] (d)　　[4] (c)

問題 B
[1] (a) 辺 AB，CD と磁場に垂直で外向きの方向で大きさは $F_{AB} = F_{CD} = IaB$．

(b) 辺 BC，DA と磁場に垂直で外向きの方向で大きさは $F_{BC} = F_{DA} = IbB$．

(c) F_{AB} と F_{CD}，F_{BC} と F_{DA} は力の大きさは等しく逆向きなので合力は 0．

(d) F_{AB} と F_{CD} は中心軸に対して力のモーメントを与える．その大きさは
$$N = F_{AB} \times \dfrac{b}{2}\sin\theta + F_{CD} \times \dfrac{b}{2}\sin\theta = Iab\sin\theta.$$

[2] 電流からの距離は $\sqrt{a^2 + z^2}$ であり，また円形状の電流全体では磁場は z 軸に平行な成分のみが残る．したがって，
$$B = \dfrac{\mu_0 I a^2}{2(a^2 + z^2)^{3/2}}$$

問題 C
[1] (a) 半径が a，電流が I の一巻き円形コイルの中心の磁場の大きさは，$B(0) = \dfrac{\mu_0 I}{2a}$ と表される．数値を代入して

$$I = \frac{2aB(0)}{\mu_0} = \frac{2\times(5.0\times10^{-2}\text{ m})\times(1.3\times10^{-5}\text{ T})}{1.26\times10^{-6}\text{ N·A}^{-2}} = 1.0\text{ A}.$$

(b) 中心軸上の磁場の大きさは問題 B [2] で求めた. $\dfrac{B(z)}{B(0)} = \dfrac{a^3}{(a^2+z^2)^{3/2}}$ より,

$$1+\left(\frac{z}{a}\right)^2 = \left(\frac{13\ \mu\text{T}}{2.7\ \mu\text{T}}\right)^{2/3}\text{ が得られ,\ }z = 1.36\,a = 6.8\text{ cm である.}$$

[2] 電線の長さを ℓ, 電流の大きさを I, 磁場の大きさを B, 電流と磁場のなす角を θ として, 電線に作用する力は $F = IB\ell\sin\theta$ となる. $\theta = 50°$ であり, 数値を代入して次の値である.

$$F = 100\text{ m}\times 8000\text{ A}\times 50\ \mu\text{T}\times\sin 50° = 30\text{ N}.$$

4.6 アンペールの法則

問題 A
[1] (b) (c)　　　[2] (b)　　　[3] (b)　　　[4] (c)

問題 B
[1] (a) 平行　　(b) 0　　(c) $\mu_0 n\ell I$　　(d) $\mu_0 n I$

[2] 内側のパイプの内部と外側のパイプの外部には電流分布の対称性より磁場はない. 距離 $a < r < b$ の範囲では半径 r の円形の閉曲線を選ぶことでアンペールの法則より $2\pi r B(r) = \mu_0 I$ が成り立つ. したがって, 次を得る.

$$B(r) = \begin{cases} 0 & (r < a) \\ \dfrac{\mu_0 I}{2\pi r} & (a < r < b) \\ 0 & (r > b) \end{cases}$$

4.7 ローレンツ力

問題 A
[1] (a) (c) (d)　　　[2] (c)　　　[3] (c)　　　[4] (c)

問題 B
[1] (a) $-Ne\vec{v}$　　(b) $-e\vec{v}\times\vec{B}$　　(c) $-Ne\vec{v}\times\vec{B}\ell$　　(d) $\vec{I}\times\vec{B}\ell$　　(d) フレミングの左手の法則

[2] (a) $v_y B$　　(b) $(-v_x B)$　　(c) $\left(-\dfrac{eB\tau}{m}v_y\right)$　　(d) $\dfrac{eB\tau}{m}v_x$　　(e) $-\dfrac{eB\tau}{m}E_x$

4.8 電磁誘導の法則

問題 A
[1] (a)　　　[2] (c)　　　[3] (c)　　　[4] (b)

問題 B
[1] (a) コイル内の磁場はアンペールの法則より (4.6 問題 B [1] 参照) より $\mu_0 n I$.

(b) コイルの巻数 $n\ell$ より有効的な断面積は $n\ell S$. したがって, 横切る磁束は $\Phi = \mu_0 n^2 \ell S I$.

(c) 発生する電圧は $V(t) = -\dfrac{d\Phi}{dt}$ より $V(t) = -\mu_0 n^2 \ell S \dfrac{dI(t)}{dt}$.

[2] (a) $B(t) = \mu_0 \dfrac{N_1}{\ell_1} I_0 \cos(\omega t)$　　　(b) $V_1(t) = \mu_0 \dfrac{N_1^2 S_1}{\ell_1}\omega I_0 \sin(\omega t)$

(c) $V_2(t) = \mu_0 \dfrac{N_1 N_2^2 S_2}{\ell_2}\omega I_0 \sin(\omega t)$　　　(d) $\dfrac{N_2 S_2}{N_1 S_1}$

さくいん

■ あ行

アンペールの法則　84
位相　35
位置エネルギー　22
位置ベクトル　7
運動エネルギー　25
運動の法則　10
　第1法則（運動の）　10
　第2法則（運動の）　10
　第3法則（運動の）　10
運動方程式　10
運動量（運動量ベクトル）　10
　－の保存則　10, 12
永久機関　106
エネルギーの保存則　12, 54
エンタルピー　58
エントロピー　67
オットーサイクル　62
音響インピーダンス　45
温度　51
音波　35, 40, 41

■ か行

ガイガー・ミュラー計数管　77
ガウスの法則　72
角運動量　31
　－の保存則　31
角振動数　16, 35
加速度（加速度ベクトル）　7
カルノーサイクル　62
　理想気体の－　62
慣性抵抗　13, 15
慣性の法則　10
基準振動　43
気体定数　51
基本単位　1
基本波　43
逆カルノーサイクル　66
キャパシター　78
　平板－　78, 79
球面波　48
クーロン　69
クーロンの法則　69
屈折の法則　50

屈折の法則　50
クラウジウスの原理　65
クラウジウスの不等式　106
系（体系）　54
ケルビン　51
向心力　101
高調波　43
合力　10
国際 (SI) 単位系　1
コンプトン散乱　12

■ さ行

サイクル　62
サイクロトロン運動　87
サイクロトロン半径　87
作用・反作用の法則　10
三重点　51
磁気定数（真空の透磁率）　81
仕事　19
仕事率　19
磁束　90
質点　7
質量　10
磁場（磁束密度）　81
　直線電流の－　81
ジュール　19, 22, 25, 54
周期　16, 35
終端速度　14
自由落下　13
重力　13
　－加速度　9, 13
準静的過程　59
状態方程式　51
状態量　51
衝突　10, 12, 26
初期条件　13
振動数　16, 35
振幅　16, 35
水素原子　77
スカラー積（内積）　2, 19, 72, 84
スカラー量　1
正弦波　35
静電エネルギー　75, 78
静電容量　78

積分　4
　重－　5
　線－　6, 19, 85
　定－　4
　不定－　4
　面－　6, 72
セ氏温度　51
絶対温度　51
双極子　71
速度（速度ベクトル）　7
ソレノイド　86, 91

■ た行

体積圧縮率　51, 53
楕円運動　9
縦波　35
単位ベクトル　2, 7
単振動（調和振動）　16
断熱過程　59
力　10
力のモーメント　31, 83
中心力　31
定常波　43
テスラ　81
電位（静電ポテンシャル）　75
電荷（電気量）　69
　点－　69
電気定数（真空の誘電率）　69
電気力線　69
電子　69, 77
電磁誘導　90
電場　69
天文単位　31
等位置エネルギー曲面（曲線）22
等温過程　59
透過波　45
等速円運動　7, 32
等電位面　75
等ポテンシャル曲面（曲線）22
ドップラー効果　37
トムソンの原理　65
トルク　31

■ な行

入射波　45
ニュートン　10
ニュートン力学　10
熱機関　62
熱効率　62
熱平衡状態　51
熱膨張率　51, 53
熱容量　56
　定積 −　56
　定圧 −　56
熱力学　51
　第0法則（熱力学の）　51
　第1法則（熱力学の）　54
　第2法則（熱力学の）　65
粘性抵抗　13, 26

■ は行

波数　35
波数ベクトル　48
波長　35
波動　35
波動方程式　38
ばね　16
　− 定数　16, 17
　− の力の位置エネルギー　22
波面　48
速さ　7
反射波　45
万有引力　23, 24
ビオ−サバールの法則　81
比熱比　40, 59
比熱容量（比熱）　56
微分　4
　全 −　5
　− 係数　4
表面張力　55
ファラド　78
不可逆現象　65
物理量の次元　1
振り子　18

平面波　48
ベクトル積（外積）　2, 31, 81
ベクトル量　1
変位　7
偏微分係数　5
法線ベクトル　6, 72, 90
ホール効果　89
保存力　22
ポテンシャル　22
ボルト　75

■ ま行

摩擦力　18, 19
面積速度　31
面電荷密度　71
モル熱容量（モル比熱）　56
　定積 −（理想気体の）　56
　定圧 −（理想気体の）　56

■ や行

誘導起電力　90
陽子　69, 77
横波　35

■ ら行

力学的エネルギー　28
　− の保存則　28
理想気体　51, 56, 59
冷凍機　64
ローレンツ力　87
ワット　19

編著者

鈴木　勝（すずき　まさる）
1987年　東京大学大学院理学系研究科博士課程修了
現　在　電気通信大学先進理工学専攻
　　　　教授
　　　　理学博士

著　者

阿部　浩二（あべ　こうじ）
1985年　広島大学大学院理学研究科博士課程後期修了
現　在　電気通信大学先進理工学専攻
　　　　教授
　　　　理学博士

奥野　剛史（おくの　つよし）
1995年　東京大学大学院理学系研究科博士課程修了
現　在　電気通信大学先進理工学専攻
　　　　教授
　　　　博士（理学）

中村　仁（なかむら　じん）
1995年　電気通信大学大学院電気通信学研究科博士後期課程修了
現　在　電気通信大学先進理工学専攻
　　　　教授
　　　　博士（理学）

細見　斉子（ほそみ　なりこ）
2007年　電気通信大学大学院電気通信学研究科博士後期課程修了
現　在　電気通信大学先進理工学科
　　　　特任助教
　　　　博士（理学）

ⓒ　鈴木　勝　2012

2012年 4 月 6 日　初版発行
2025年 2 月 6 日　初版第12刷発行

物 理 学 演 習

編著者　鈴　木　　　勝
発行者　山　本　　　格

発行所　株式会社　培風館
東京都千代田区九段南4-3-12・郵便番号102-8260
電話(03)3262-5256(代表)・振替00140-7-44725

中央印刷・牧　製本
PRINTED IN JAPAN

ISBN978-4-563-02500-7　C3042